江苏科普创作出版扶持计划项目

ASTRONOMICAL TELESCOPE

从浑仪到海尔望远镜

经典天文望远镜

中国天文学会 中科院南京天文仪器有限公司 组织编写
程景全 著

天文望远镜史话 ①

南京大学出版社

图书在版编目（CIP）数据

从浑仪到海尔望远镜：经典天文望远镜 / 程景全著．
—南京：南京大学出版社，2023.2（2025.1 重印）
（天文望远镜史话）
ISBN 978-7-305-26355-2

Ⅰ．①从…　Ⅱ．①程…　Ⅲ．①天文望远镜　Ⅳ．
① TH751

中国版本图书馆 CIP 数据核字 (2023) 第 017278 号

出版发行　南京大学出版社
社　　址　南京市汉口路 22 号　　　邮　编　210093

丛 书 名　天文望远镜史话

书　　名　从浑仪到海尔望远镜——经典天文望远镜
CONG HUNYI DAO HAI'ER WANGYUANJING —— JINGDIAN TIANWEN WANGYUANJING
著　　者　程景全
责任编辑　王南雁　　　编辑热线　025-83595840

照　　排　南京开卷文化传媒有限公司
印　　刷　南京凯德印刷有限公司
开　　本　787 mm×960 mm　1/16　　印张 10.5　　字数 170 千
版　　次　2023 年 2 月第 1 版　2025 年 1 月第 3 次印刷
ISBN　978-7-305-26355-2
定　　价　48.00 元

网　　址：http://www.njupco.com
官方微博：http://weibo.com/njupco
微信服务号：njupress
销售咨询热线：（025）83594756

编委会

EDITORIAL BOARD

序言
FOREWORD

21 世纪是科学技术飞速发展的太空世纪。“坐地日行八万里，巡天遥看一千河。”离开地球，进入太空，由古至今的人类，努力从未停止。古代传说中有嫦娥奔月、敦煌飞天；现代有加加林载人飞船、阿姆斯特朗登月、火星探测；当下，还有中国的“流浪地球”、美国的马斯克“Space X”。

中华文明发源于农耕文化，老百姓“靠天吃饭”，对天的崇拜，由来已久。“天地君亲师”，即使贵为皇帝老儿，至高无上的名称也仅仅是“天的儿子”，还得老老实实祭天。但以天子之名昭示天下，就彰显了统治的合法性。“天行健，君子以自强不息”，君子以天为榜样，“终日乾乾”。黄帝纪年以后，古中国的历朝历代都设有专门的司天官。史官起源于天官，天文历法之学对中国上古文明的形成，具有非同寻常的意义。古人类的天文观测都是用眼睛直接进行的。

人的眼睛就是一具小小的光学望远镜，在黑暗的环境中，人眼可以看到天空中数以千计的恒星。但没有天文望远镜，人类只能“坐井观天”，不可能真正了解宇宙。

在今天这个日新月异、五彩缤纷的世界中，面对浩渺太空和大千世界，人们总会存在很多疑问。这些问题看似互不相关，但其中许多问题都可以归结到天文望远镜的科学、技术和应用当中，天文望远镜是人类走进太空之匙。

进入 21 世纪以来，知识和信息以非凡的速度无限传递。这样一个追求高效率、快节奏的社会，对人的知识储备提出了更高更精的要求，从小打下坚实的基础变得至关重要。在众多获取知识的途径中，“站在巨人肩上”——读大师的作品无疑是最有效的办法之一。

青少年时期，是科学技术的启蒙期，在最关键的成长期，需要最有价值的成长能量。对于成长期的青少年来说，掌握课本上的知识已远远不能满足实际需要。他们必须不断寻找新鲜的知识养料来充实自己，为了使他们能够从浩瀚的书籍海洋中最迅速、最有效地获得那些凝聚了人类科学，尤其是技术发展最高水平的伟大成果，这套“天文望远镜史话”丛书应运而生。它以全新的理念、崭新的科学知识和温情的故事，带给读者全新的感受。书中，作者用生动丰富的文字、诙谐风趣的笔法和通俗易懂的比喻，将深奥、抽象的科技知识描绘得言简意赅，融科学性、知识性和趣味性于一体，不仅使读者能掌握和了解相关知识，更可激发他们热爱科学、学习科学的兴趣。

读书之前，书是您的老师；读书之时，您是自己的老师；读完之后，或许您就会成为别人的小老师。祝愿读者在阅读“天文望远镜史话”丛书过程中，能闪耀出迷人的智慧光芒，照亮您奇特有趣、丰富多彩的科学探索之路和美丽的梦想世界。

常进

2020.08.

前言
PREFACE

身处 21 世纪，借助于各种天文望远镜，人类的天文知识已经十分丰富。航天事业的发展使人类在月亮这个最邻近的天体上留下了自己的足迹。人类制造的航天器也造访过太阳系中一些十分重要的行星和小行星。毫不夸张地说，人类对于宇宙的认知几乎全部来自天文望远镜的观测和分析。

天文望远镜是人类制造的一种用于探测宇宙中各种微弱信号的专用仪器。它们的形式多种多样，技术繁杂，灵敏度极高。天文望远镜延伸和扩展了人类的视觉，使你可以看到遥远和微弱的天体，甚至是无法被“看见”的物理现象和特殊物质。

经过长时期的发展，现代天文望远镜的观测对象已经从光学、射电，扩展到包含 X 射线和伽马射线在内的所有频段的电磁波，以及引力波、宇宙线和暗物质等。这些形形色色的望远镜组成庞大的望远镜家族。丛书“天文望远镜史话”将专门介绍各种天文望远镜的相关知识、发展过程、最新技术以及它们之间的联系和差别，使读者获得有关天文望远镜的全方位的知识。

天文学研究的目标是整个宇宙。汉字“宇”表示上下四方，“宙”表示古往今来，“宇宙”便是所有空间和时间。在古代，人类用肉眼直接观察天体，在黑暗的环境中，人眼可以看到天空中数以千计的恒星。

中国是最早进行天文观测的国家之一。2001 年在河南舞阳贾湖发掘的裴李岗文化遗址中发现了早在 8000 年以前的贾湖契刻符号，这也是世界上目前发现的最早的一种真正的文字符号。从那时起，古代中国人就开始在一些陶器上记录重要的天文现象。

公元前 4 世纪，我国史书中就有了“立圆为浑”的记载。这里的“浑”就是世界上最早的恒星测量仪器——浑仪。后来西方也发展了非常相似的浑仪，但他们沿用的是古巴比伦的黄道坐标系，所记录的恒星位置并不准确。直到公元 13 世纪之后，第谷才开始使用正确的赤道坐标系记录恒星位置。

公元前 600 年，古代中国人已经有了太阳黑子的记录。这比西方的伽利略提早了约 2000 年。在春秋战国时期，出现了著名的天文学家石申夫和甘德，以及非常重要的 8 卷本天文专著《天文星占》，其中列出了几百个重要恒星的位置，这比西方有名的伊巴谷星表要早约 300 年。古代中国人将整个圆周按照一年中的天数划分为 365 又 1/4 度，可见他们对太阳视运动的观测已经相当精确，这一数字也非常接近现代所用的一个圆周 360 度的系统。

郭守敬是世界历史上十分重要的天文学家、数学家、水利专家和仪器制造专家。他设计并建造了登封古观星台。他精确测量出回归年的长度为 365.2425 日。这个数字和现在公历年的长度相同，与实际的回归年仅仅相差 26 时秒，领先于西方天文学家整整 300 年。同样，他在简仪制造上的成就也比西方领先了 300 多年。

光学望远镜是人类眼睛的延伸。天文光学望远镜的发展已经有 400 多年的历史。利用光学天文望远镜，人们看见了许多原来看不到的恒星，发现了双星和变星。天文学家也发现了光的频谱。观测研究恒星的光谱可以了解它的物质成分及温度。

麦克斯韦的电磁波理论使人们认识到可见光仅仅是电磁波的一部分。电磁波的其他波段分别是射电（即无线电）、红外线、紫外线、X 射线和伽马射线。为了探测在这些频段上的电磁波辐射，从 20 世纪 30 年代以来，天文学家又分别发展了射电望远镜、红外望远镜、紫外望远镜、X 射线望远镜和伽马射线望远镜。这些天文望远镜是对人类眼睛光谱分辨能力的扩展。

20 世纪中期，物理学家和天文学家又分别发展了引力波、宇宙线和暗物质望远镜。这些新的信息载体不再属于电磁波的范畴，但它们同样包含非常丰富的宇宙信息。随着对这些新信息载体的认识不断深入，天文学家正在发展灵敏度非常高的引力波望远镜、规模宏大的宇宙线望远镜和深入地下几公里的暗物质望远镜。这些特殊的天文望远镜是对人类观测能力新的补充。

天文望远镜是人类高新技术的集大成之作，天文望远镜的发展也极大地促进了人类高新技术的发展。例如，现代照相机的普及得益于天文望远镜中将光学影像转化为电信号的 CCD（电荷耦合器件），手机的定位功能也直接来源于射电天文干涉仪的相位测量方法，而民航飞机的安检设备则是基于 X 射线成像望远镜技术等等。

本套丛书为读者逐一介绍了世界上各式各样天文望远镜的发展历史和技术特点。天文望远镜从分布位置上分为地面、地下、水下、气球、火箭和空间等多种望远镜；从形式上包括独立望远镜、望远镜阵列和干涉仪；从观测目标上包括太阳、近地天体、天体测量和大视场等多种望远镜。如果用天文学的语言，可以说我们已经进入了一个多信使的时代。

期待聪明的你，能够用超越前辈的聪明才智，去创造“下一代”天文望远镜。

引言
INTRODUCTION

本书是丛书“天文望远镜史话”中的第一本，详细介绍经典的天文光学望远镜的全部发展过程。从古代天文仪器到光学天文望远镜的诞生，从折射光学望远镜到反射光学望远镜的发展，从口径几厘米的光学望远镜一直到发展到直径 5 米的海尔经典光学望远镜。在这个发展过程中，经历了好几个不同的历史阶段。第一阶段，长镜筒的折射光学望远镜独领风骚；第二阶段，结构紧凑、没有色差的反射光学天文望远镜成为光学望远镜的主角；第三阶段，消色差透镜的发明使折射光学望远镜重新获得新生；第四阶段，折射光学天文望远镜到达了尺寸的极限；第五阶段，经典反射光学望远镜也到达了尺寸的顶峰。通过对这本书的阅读可以了解古代天文仪器的种类、光学望远镜的色差和像差、长镜筒望远镜的演变过程、消色差透镜的原理和设计、折射光学望远镜的极限、不同镜面材料的反射光学天文望远镜的发展以及经典反射光学望远镜的极限。

读者如果想了解其他种类的天文望远镜，请查阅本系列丛书的其他分册。

目录
CONTENTS

01 天文望远镜总介······························01

02 人类早期天文学······························04

03 最早的天文仪器——浑仪························09

04 目视天文仪器的发展··························13

05 天文钟的发展和应用··························21

06 中国古天文仪器的遭遇························25

07 光学天文望远镜的诞生························31

08 开普勒望远镜的诞生··························37

09 长镜筒折射望远镜时代························41

10 牛顿反射光学望远镜··························47

11 消色差透镜的诞生····························53

12 从哈德利到赫歇尔····························57

13 罗斯城堡望远镜······························63

14 拉塞尔和赤道式望远镜支撑 ·············67
15 刀口检验和海王星的发现 ···············73
16 折射光学望远镜的新生 ·················79
17 天体光谱的发现和光谱分型 ·············85
18 照相术诞生和多普勒效应 ···············93
19 美国光学望远镜的发展 ·················99
20 世界级折射光学望远镜 ················105
21 罗威尔天文台和冥王星的发现 ··········115
22 玻璃镜面反射光学望远镜 ··············119
23 胡克光学天文望远镜 ··················125
24 施密特望远镜的发明 ··················133
25 海尔5米天文望远镜 ···················139

后记 ·································151

01

天文望远镜总介

仅仅一百年之前，天文望远镜的家族还只有一个成员，它就是天文光学望远镜。经过不到一个世纪发展，现代天文望远镜已经是一个十分庞大的家族了。这个大家族除了光学望远镜外，还包括射电、红外、紫外、X 射线、伽马射线等整个电磁波频谱内的各种望远镜；同时它还包括规模庞大、灵敏度非常高、视场非常大的非电磁波望远镜，即引力波、宇宙线和暗物质等特殊的天文望远镜。天文望远镜从分布位置上又分为地面、地下、水下、气球、火箭、空间等多种望远镜；从形式上又包括独立望远镜、望远镜阵列和干涉仪；从观察目标上又包括太阳、近地天体、天体测量和大视场等多种望远镜。用天文学的语言，就是我们已经进入了一个多信使的时代。现代天文望远镜常常具有很大的规模，需要十分巨大的资金投入，同时会产生非常庞大的数据量。正是由于天文望远镜的宏大规模，天文学又被称为大科学学科。

光学望远镜是人类眼睛的延伸。天文光学望远镜的发展已经有400多年的历史。利用光学天文望远镜，人们看到了很多原来看不到的恒星，发现了双星和变星。双星是指在天球上视位置十分接近的两颗恒星，它们的实际位置可能十分接近，也可能在视线方向上相当遥远。变星是亮度随着时间发生变化的恒星，变星包括周期性变星以及突然爆发的新星和超新星。周期性变星的绝对亮度和它的周期相关，所以后来它们成为测量恒星距离的标尺。很早天文学家就发现了光的频谱，恒星的光谱和它的物质成分及温度有着密切的联系。

麦克斯韦的电磁波理论使人们认识到可见光仅仅是电磁波的一部分。电磁波的其他波段分别是射电波、红外线、紫外线、X 射线和伽马射线。为了探测在这些频段上的电磁波辐射，从 19 世纪 30 年代以来，天文学家又分别发展了射电望远镜、红外望远镜、紫外望远镜、X 射线望远镜和伽马射线望远镜。这些电磁波频谱上的天文望远镜是对人类眼睛光谱能力的扩展。在 20 世纪中期，物理学家和天文学家又分别发展了引力波、宇宙线和暗物质望远镜。这些新的信息载体不再属于电磁波的范畴，但它们同样包含非常丰富的宇宙信息。随着对这些新信息载体的认识不断深入，天文学家正在发展灵敏度非常高的引力波望远镜、规模宏大的宇宙线望远镜和深入地下几千米的暗物质望远镜。这些特殊的天文望远镜也是对人类观测能力新的补充和扩展。

那么怎样来定义现存的、新建的或者规划中的各种各样的天文望远镜呢？根据上面的介绍，天文望远镜应该是这样一种仪器：它延伸了人类的眼睛，使你可以看到你本来看不到的十分遥远和微弱的天体；它扩展了人类的眼睛，使你可以看到你本来看不到的电磁波波段；它补充了人类的眼睛，使你可以看到你认为看不到物理现象或者从来没有看到过的特殊物质。当这些十分灵敏、十分精确的仪器应用于天文学和军事领域的时候，就称之为望远镜。而当它们应用于其他目的的时候，常常被称为探测器或者传感器等专门仪器。

身处 21 世纪，借助于各种各样的天文望远镜，人类的天文知识已经十分丰富。航天事业的发展使月亮这个最邻近的天体上留下了人类的足迹。人类制造的航天器也造访过太阳系中十分重要的一些行星和小行星。毫不夸张地说，人类对于宇宙的认识和知识几乎全部来源于天文望远镜的观测和分析。没有天文望远镜，就没有现代天文学。没有现代天文学，人类的知识就会缺少很大一块，便利的现代生活将会受到很大影响。同时，天文望远镜的发展也极大地促进了人类高新技术的发展。例如现代照相机的普及就与 CCD 在天文望远镜的应用相关，手机的定位功能也直接来源于射电天文干涉仪的相位测量的方法，而民航飞机的安检设备则是基于 X 射线成像望远镜的技术。天文望远镜促进了天文学的发展，但是宇宙没有穷尽，天文学家也不断要求发展更大、更好和更灵敏的各种天文望远镜，以提高人类探测各种微弱信息的能力。

02 人类早期天文学

中国古代神话中，盘古创造了宇宙。最初的宇宙是一个混沌如鸡蛋的物体，盘古自己也孕育其中。盘古将“鸡蛋”打破，“鸡蛋”里轻的东西上升为天，重的东西下沉为地。天空每天增高一丈，大地每天增厚一丈，盘古的身体也随之一同生长。最后盘古死去，化作了世间万物，从此宇宙诞生。

古希腊神话也十分类似。最初的宇宙是一片“混沌”，从“混沌”中诞生出了“大地”盖亚，接着在“大地”底层出现了“黑暗”厄瑞玻斯与“黑夜”尼克斯。“黑暗”和“黑夜”的结合产生出“光明”与“白昼”，而“大地”则生出了“天空”。以后才有了世间万物。

在基督教中，借助于上帝，宇宙起源变得更加简单。上帝说“要有光，于是便有了光。”在短短的七天时间里，上帝便创造了充满世界万物的整个宇宙。

根据现有的天文科学知识，宇宙起源于 130 多亿年前的一次大爆炸。在这个时间之前，整个宇宙就是空间中一个密度极大且温度极高的奇点。奇点是几何学上的一个概念，它是一个具有特殊性质的几何点。而整个宇宙就是由这个奇点经过不断膨胀而形成的。大爆炸理论的创始人是比利时物理学家乔治·勒梅特。

回到今天的宇宙，太阳所处的银河系是无数星系中的普通成员；太阳及其周边的行星组成太阳系，太阳系是无数恒星系统中的普通成员；太阳系包括一系列的行星，地球则是多个行星中的一员。迄今为止，人类虽然已经发现了不少类似地球的行星，但最近的类似地球的行星离我们的距离约有 4.2 光年。人类能够生存的天体仍然只有地球一个。地球是宇宙中的一个幸运儿，它距离太阳 1.5 亿千米，不很远也不很近。太阳发出的光需要 8.3 分钟才能到达地球。太阳体积大，表面炙热，如果距离太阳太近，则地球上将赤地千里，不会存在任何生命；而如果距离太阳太远，那地球上将千里冰封，只有在地下深处可能存在一些初级生命。地球的直径不很大，也不很小。地球围绕太阳公转，同时又有自转，这使地球内部呈熔融态的带电物质自然而然地形成圆环形的电流。这种环形电流引起地心铁磁分子的整齐排列，使地球具有自身的磁场。地球磁场的存在排斥了来自太阳和宇宙空间的带电高能辐射粒子的入侵，保护了地球的大气层，从而在地球表面形成了一个和恶劣空间环境完全不同的、适宜于生命发展的舒适环境。地球表面温度适中，有大量的水和空气，有丰富的氧和氮，为产生生命提供了非常优越的条件。

地球诞生于 45 亿 4000 万年前。在 35 亿年前，由于雷电、地热或者其他突发事件的激发，无机小分子发生突变，奇迹般地转化成为有机小分子。而有机小分子经过长期进化逐步形成了原始的蛋白质和核酸。大量有机分子的演变，使单分子初级生命逐渐进化为多分子的生命形式。

距离地球最近的天体是月亮，月亮距离地球约 38 万 4400 千米，这大约是光在 1.28 秒内传播的距离。在太阳系的行星周围存在很多卫星，月亮是它们之中比较大的一颗。月亮围绕地球的旋转使地球上的海洋产生了周期性的潮汐运动。月亮的大小和位置是如此巧妙，使得潮汐运动既不大也不小，在生命进化过程中，其中一部分生命形式有机会被推上陆地，在陆地上生存了下来，并不断地进化，最后诞生了人类。如果月亮太靠近地球，潮汐过大，那么冲击到陆地上的早期生命就不能存活。而如果月亮距离地球太远，没有潮汐运动，生命形式也就不可能转移到陆地上，那么人类的存在就是一个问题。

人类最初在地球上的出现，大约发生在200万年之前。人类是一种特殊生命体，他们在生产和生活的演化过程中，通过直立行走，节约了体力，解放了双手，体力和智力不断发展，开始本能地希望熟悉和了解自身所处的这个神奇的宇宙。从而就开始了一些最原始的天文观测活动。古人类的天文观测都是用眼睛直接进行的。人的眼睛就是一台小型光学望远镜。它的通光口径由瞳孔控制，在2毫米与8毫米之间变化。当在黑暗的环境中，人眼可以看到天空中数以千计的恒星。

人类生活受到太阳的巨大影响。太阳表面温度约5500度，它的辐射经过地球大气后主要集中在可见光区域。人类诞生以来，就一直处在能够穿透大气层的太阳辐射之中，经过长期的演变，人体器官适应了这种环境，所以人眼就对这一频段的电磁辐射十分敏感。电磁波是一种在空间快速传播的不断变化的电场和磁场，它的在真空中的传播速度是每秒30万千米。可见光是一种电磁波，这种电磁波的变化频率非常快，波长很小。一个原子的直径大约是3到5纳米，而可见光的波长大约是390纳米到750纳米。

人类最初使用眼睛来直接观察世界，通过观察太阳的东升西落，形成了白天黑夜交替变化的概念，这是时间中“一天”的时间长度；月亮的圆缺形成了时间上“一月”的时间长度。经过长期连续观察和记录，古人类发现白天在“一天”中所占时间份额以及天气和温度的周期变化，形成了时间上“一年”的时间长度。

为了记录天文观测的结果，他们会有意识地在地面上刻画，建造和设置各种各样的设施和记号。在这些设施中只有非常少的一部分留存到现在。位于英国南部的巨石阵（图1）据说是建造于公元前3000年到公元前2000年之间。巨石阵的东南方宽大的开口和当地夏至日出和冬至日落的方向十分吻合。奇怪的是巨石阵所在地距离这种石头的来源地相当遥远。不过现在网上的资料发现，这个巨石阵很有可能是在 1954 年才人为制造的。在一张当年的照片上，那时的巨石阵仅仅存在三块大石头，而最上面的大石头在当时正在使用现代起重工具进行吊装，使其安放在其他两块石头的上面。如果真是这种情况，则巨石阵可以被称为有史以来最重大的古迹造假事件。在智利的复活节岛上 (图 2)，大量巨人像的位置安排是不是也有一定的天文意义，至今考古学家和天文学家仍然不能给出一个准确的说法。

1978 年，在山西临汾市襄汾县，考古专家发现的陶寺遗址，距今已有 4000 多年，出土了一座世界上最古老的天文观象台，这比英国的巨石阵还早了约 500 年，证实早在 4000 年前中国人就已经“仰望星空”。

古代人类对夜间天空中不断闪烁的星星充满了无穷无尽的遐想。天空中的绝大多数星星、太阳以及月亮周而复始地东升西落，不过这三类天体的轨道并不相同。它们的

图 1　英国南部的巨石阵

图 2　复活节岛上的巨大的石人像

运行轨道分别平行于赤道环、黄道环和白道环。如果仅仅考虑天上的星星，可以发现一些星要比另外的一些星更加明亮，而众多的星星则非常的暗淡。它们虽然是在不停地运动，但是它们在天空中的相对位置则几乎是完全固定的。这些星统称为恒星，即位置恒定的星。在这些众多的星星之中，只有非常少的几个星点和其他恒星的运动完全不同，它们会在众多的恒星背景上，有时超前，有时落后，这些具有相对运动的星被称为行星。另外有一些星会快速划过天空，它们常常有一个比较亮的头部和大而暗的尾巴，它们被称为彗星，又称为扫把星。人类很早就已经分辨出距离地球比较近的五大行星，即金、木、水、火、土星。金星的亮度最大，出现在早晨和黄昏，十分容易引起人们的注意。距离我们较远的行星天王星、海王星和冥王星则是在望远镜发明以后才先后被发现的。

在夜晚的天空中，恒星亮度和恒星分布看似随机，没有特殊规律。为了观察上的方便，东西方的不同民族分别根据各自的传奇故事和想象将天上的恒星划分成了一个个不同的组合形式。在中国和中亚地区留下了东方苍龙，西方白虎，南方朱雀和北方玄武四象和相应的“角、亢、氐、房、心、尾、箕”“奎、娄、胃、昴、毕、觜、参”“井、鬼、柳、星、张、翼、轸”“斗、牛、女、虚、危、室、壁”二十八星宿的概念。在西方，人们在天球上将一年中太阳运动轨迹上的恒星分别划分成十二个星座，它们依次是：白羊座、金牛座、双子座、巨蟹座、狮子座、处女座、天秤座、天蝎座、射手座、摩羯座、水瓶座和双鱼座。后来他们又在其他天区增加了相应的星座，整个天空一共有八十八个星座。

03

最早的天文仪器——浑仪

中国是最早进行天文观测的民族之一。2001 年在河南舞阳贾湖发掘的裴李岗文化遗址中发现了早在 8000 年以前的贾湖契刻符号（图 3），这是中国最早的，也是世界上最早发明的一种真正的文字符号。从那个时候起，中国古人就开始在一些陶器上记录一些重要的天文现象。在公元前 2400 年左右，契刻符号进化为甲骨文，开始大量出现在龟甲之上（图 4 ）。我国已经出土了大量用甲骨文记录的古代天文现象的资料，这些记录是人类最早的天文观测资料。中国最早的月食记录出现于公元前 2136 年，最早的超新星记录出现于公元 1054 年。

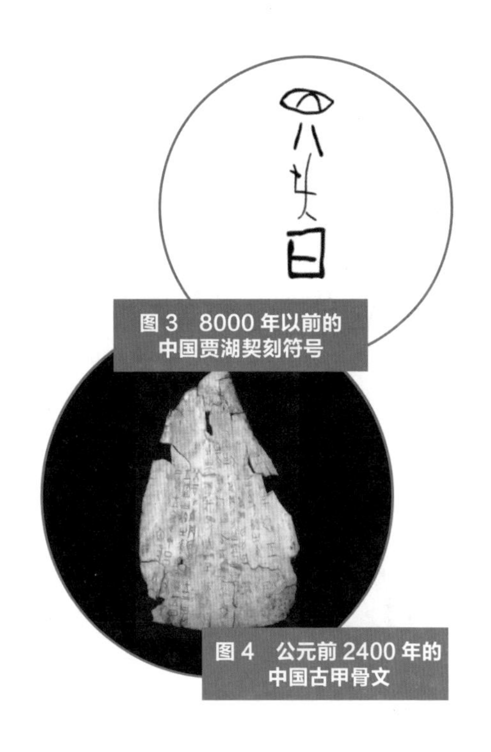

图 3　8000 年以前的中国贾湖契刻符号

图 4　公元前 2400 年的中国古甲骨文

公元前 1800 年左右，在阿拉伯半岛的两河流域也出现了一些刻有天文图像的陶板。古巴比伦人是太阳的崇拜者，他们采用的坐标系是黄道坐标系。黄道是从地球上看到的太阳运动轨迹。采用黄道坐标系不能真正反映天上恒星的运动规律。古希腊当时是一个落后、贫穷、人口很少的国度。它的历史记录非常不完整，不连续，也不存在强有力的考古证据。然而在公元 12 世纪以后，基于某种原因，竟然一下子冒出很多古希腊在公元前各学科的巨匠以及他们所书写的长篇巨著。时隔十多个世纪，后人竟然完全了解前人所使用的所有专业术语。在那个时代，没有纸张，生产力水平很低，文化不发达，不普及，人的寿命非常短。又如何在几百张羊皮上一笔一画地完成这些大卷本的专门巨著，人们如何保存这些体积庞大的作品。这些直到现在仍然无法解释清楚。古希腊的这些成就常常又不断地被当代国际学术界一再抬高，而中国古代的天文成就则常常被忽视。这种“言必称希腊”的现象，不能不说与西方文明及西方宗教的排他性有着直接的联系。

图 5　我国古代使用的圭表

圭表（图 5）是古人类发明的最早的天文观测仪器，它是用来测量太阳在天空中实际位置的一种仪器。根据中国史书记载，早在黄帝纪年以后，中国的各个朝代就设有专门的司天官，以负责对天文现象的观察、测量和解释。这个职务称为羲和之官。羲和之官常年使用圭表来测量太阳影子的长度和方向，记录各种重要的天文现象。到公元前 700 年，利用影子来测量太阳位置的仪器在中国已经十分普遍，甚至还出现了专门用于精确测量太阳影子的城堡式天文塔。

古人对星空的观测也是用肉眼进行的，渐渐地，开始借助于一些固定的地标来进行恒星方位的测量。后来，人们发明了一种非常巧妙地将圆环竖立起来的天文仪器——浑仪。公元前 4 世纪，我国史书中就有了“立圆为浑”的记载。这里的“浑”就是世界上最早的恒星测量仪器——浑仪。

最初的浑仪非常简单，只有两个互相垂直的圆环，一个圆环和地球赤道面平行，另一个圆环和这个圆环面相垂直。和地球赤道面平行的圆环是固定的，上面有方位刻度，称为赤经圈。而另一个圆环则可以在赤经圈轴线上进行旋转，对准不同的方位，称为赤纬圈。通过浑仪观测，可以更精准地确定恒星在赤道坐标上的位置。中国古代的浑仪使用的是赤道坐标。这种赤道坐标准确地反映了地球自转运动对恒星视运动的影响，利用这种坐标所编制的星表后来成为公认的国际标准星表。

西方浑仪与中国浑仪非常相似，不同的是，他们一直沿用巴比伦的黄道坐标系。他们所采用的固定圆环平行于太阳视运动的黄道面，和地球自转的赤道面有一个固定的角度差。这个错误的基准和恒星视运动的轴线不垂直。因此所记录的恒星位置不准确。直到公元 13 世纪后，第谷才开始使用在赤道坐标系上标注的恒星位置。

在中国古代的浑仪中，有一根通过圆环中心的窥管，通过这根管子可以精确地确定恒星的位置。在《庄子》中有“以管窥天”的说法。浑仪中使用窥管这一事实充分说明在当时不但天文观测十分普遍，而且窥管已经为很多非天文专业的学者所熟悉。窥管本身是一种十分科学的天文观测仪器，借助于管壁，它提高了观测的分辨率，避免了天空背景光的干扰，提高了观测的精度，是世界观测天文学上的一个重大发明。

中国古代对很多天文现象都有准确的记录，公元前 600 年，中国古人已经知道太阳上存在黑子。这比西方的伽利略提早了约 2000 年。公元前 400 年，在春秋战国时期，中国的天文观测成果已经十分丰富，出现了著名的天文学家石申夫和甘德，以及非常重要的 8 卷本的天文专著《天文星占》。书中列出了几百个重要恒星的位置，这比西方有名的伊巴谷星表要早约 300 年。古代中国人将整个圆周按照一年中的天数划分为 365 又 1/4 度，十分接近现代所用的一个圆周 360 度的系统。这种圆周分度的方法也说明了古中国人对太阳视运动的观测已经十分精确。

经过一段时间的演变，由于测量的需要，浑仪（图 6）变得越来越复杂，不但增加了地平环，而且增加了黄道环和白道环。黄道环是在东汉中期，大约公元 30 到 100 年之间增加的。在浑仪中，赤道环和地球的赤道面平行。所有恒星的周日视运动都是和赤道环平面相平行的。而太阳在恒星背景上的视运动（黄道）和赤道面有一个大约 23 度的交角。后来在唐朝初期，浑仪上又增加了代表月亮视运动的白道环。每增加一个环，它就会挡住一部分天区，使仪器用起来很不方便。

在中国古代的天文观测中，太阳和月亮的运动规律、恒星在天球上的固定位置、行星的相对不规律的视运动、彗星的突然出现，以及超新星的瞬间爆发都是天文观测的重点。中国的天文历史资料完整地保存了对这些现象的连续观测记录。这些记录从公元前 6 世纪一直延续到当代，成为人类天文观测的重要基本资料。中国古代的天文学家对很多天文现象也具有十分精辟的见解。他们很早就建立了非常精确的以天文观测为基础的阴阳历法。这些历法的精度大大超过了同时期的各种西方历法。

图 6　南京紫金山天文台保存的古代浑仪（陈向阳 摄）

04 目视天文仪器的发展

浑仪到了宋代，大约在公元 1000 年左右，已经发展得十分复杂。最初的浑仪只有两层结构，后来发展成三层。它的最外层是固定的地平环、子午环和赤道环组成的六合仪。中间是表示日、月、星的三辰仪，分别是黄道环、白道环和赤道环。这三个环可以在六合仪中围绕着一根垂直于赤道环的极轴旋转。在三辰仪的内部是四游仪，由赤经环和窥管所组成。早期的张衡和后期的苏颂还将水力驱动应用到这种很复杂的浑仪之中，形成了可以准确报时的天文钟。我国古代的天文钟将在下一节中进行详细介绍。

宋代的沈括认为在浑仪中，白道环的意义不大，所以将白道环去掉。这样的浑仪就和现在在南京紫金山山顶上所保存的浑仪结构基本相同。到了公元 12 世纪，郭守敬又一次对浑仪进行了重大改良。他将十分复杂的浑仪全部分开，制造了精确实用的简仪（图 7）。

图 7　中国古代的简仪

简仪的制造将望远镜发明前的天文观测仪器发展到了一个顶峰。简仪共包括两个部分，一部分是赤道装置，另一部分是地平装置。这一改变去除了浑仪中一环套一环的繁复状态。

在简仪的赤道装置中，北高南低的支架支持着极轴。极轴平行于地球两极的连线。极轴的南端有一个固定圆环，称为百刻环。百刻环内部是一个随着赤纬双环一起旋转的赤道环。赤纬双环中间是经过改造的窥管，称为窥衡。为了避免窥管内壁的反光，原来浑仪中的窥管被两端为方孔的窥衡所取代。同时在方孔中增加了在现代望远镜上常常使用的十字丝。这是十字丝在天文光学仪器上的首次应用，它对于提高天文测量的精度有着十分重要的意义。

在简仪的地平装置中，有一个和地面平行的地平环和垂直于地平环的立运双环。在立运双环之中同样是可以旋转的窥衡。这种地平式支撑形式已经成为现代光学天文望远镜和许多光学测量仪器的标准结构形式。

郭守敬是世界历史上十分重要的天文学家、数学家、水利专家和仪器制造专家。登封观星台就是他设计并建造的。他精确测量回归年长度为 365.2425 日。这个数字和现在公历年的长度相同，与实际的回归年仅仅相差 26 秒，领先于西方天文学家整整 300 年。同样，中国古代在简仪制造上的成就也领先了西方 300 多年。当时的西方，普遍使用的仍然是十分复杂、缺少效率的浑仪。浑仪简化这一工作是在几百年以后第谷的时代才实现的。在郭守敬一生中，总共制造了 20 多种大型天文观测仪器，并编写了很多重要的科学书籍。

公元 13 世纪以后，欧洲的古典天文仪器有了较快发展。16 世纪末，光学望远镜即将发明的时候，欧洲古天文仪器的制造水平达到了一个新的高峰。这个方面的改变和进步与一位丹麦天文学家密切联系在一起，他就是第谷 · 布拉赫。

第谷是在天文学家哥白尼去世后第三年——1546 年诞生的。他是一个非常重要的实测天文学家。他既有充裕的时间，又有足够的金钱，从而发展了当时最高精度的天文观测仪器，积累了一批十分精确的天文观测资料。

在16世纪的德国，用佩剑进行决斗是一种很流行的活动。决斗起源于古代奴隶制国家巴比伦、古希腊等，而后盛行于中世纪的欧洲。最初，决斗是神明裁判的一种方式。所谓神明裁判，就是由神来判定诉讼双方哪一家有罪。其方法是对诉讼当事人进行各种考验，有水的考验，有火的考验。此外，即是采用决斗的方式。使用水的考验时，决斗者双手紧缚被抛入河中，如果淹死则证明有罪，而未淹死则证明无罪。使用火的考验是将诉讼双方的手放在烧红的铁块上，或伸入到沸水锅中，经过几天以后再进行检验，伤口愈合者被认定无罪，伤口未愈合者被认定有罪。决斗裁判也是如此，胜者无罪，败者有罪。当时的人们坚信上帝会明察秋毫，时时处处惩罚罪犯，在决斗时，上帝会进行干预，使正义的一方获胜，使有罪的一方惨败。如果某人在决斗中失败身亡，法律将不追究对方的责任。人们把决斗的结果，看作是上帝的判决。

第谷非常固执，他与别人决斗时失去了自己的鼻子。为了掩盖这个决斗的伤疤，他花费巨资定制了一个十分精致的银质鼻罩。第谷可能是有史以来唯一一个没有鼻子的名人，他的银鼻子也成为他性格上的象征。他非常擅长于在当时流行的天体运行理论中找出漏洞。他发现在那个时代，即使最优秀的天文学家对行星在某一天的确切位置所做的预测大多数也非常不精确。同时天空中也常常会出现一些十分有趣的天文现象，比如火星在轨道上会向着和预测相反的方向运动，彗星也会穿过通常行星所在的天穹，而月亮则会跳出所预言的日食轨道。

在第谷的时代，所有的天文理论都是建立在对遥远天体位置十分有限的、极度少量的、非常不精确的观测资料基础上的。这些理论可能会很出色地推测或验证天体已经发生过的运动，这相当于检测昨天的天气情况。而第谷则发现很多真正的天象预测则总是不能在预定时间点上发生。由于有这个经验，第谷对观测要求精益求精，他把一生中的大部分时间都花费在对天文观测仪器的精度改进之上。

如同历史上绝大多数科学家、画家或艺术家在他们成名之前均获得不少赞助、遗产或者经济支持一样，第谷本人出身贵族家庭，又获得了国王的特别赞助，他是国王聘用的数学家，待遇十分优厚。丹麦国王腓特烈二世把哥本哈根附近的一座小岛——文岛，连同它上面的居民都赠送给他，同时为他提供了十分宽裕的科研和生活费用，所以他经济实力雄厚。他在文岛上建立了自己的天文台，不断地研制新的天文观测仪器。经过二十多年的不断建设，这个天文台成为当时欧洲最大的一个天文观测基地。

第谷在文岛天文台中建造了一系列十分庞大又相当精确的仪器：有简仪、象限仪、六分仪等等。这些仪器的测量精度已经达到 1 角分左右（角分是表示角度大小的单位，整个圆周有 360 度，每一度有 60 角分，而每一角分又包含 60 角秒）。第谷在他的巨大的观测仪器中，将圆周中的一度又细分为六个等分，然后用一条斜线将外圆弧的六个等分点和内圆的相临近的另一个等分点连接起来，并且将这根斜线划分为十个等分（图 8）。这样他就获得了接近 1 角分的测量精度。第谷以前的天文仪器常常是用木头制造的，而文岛天文台内的观测仪器大部分用青铜制造，它们的精确程度达到了当时工艺水平可获得的最高精度。

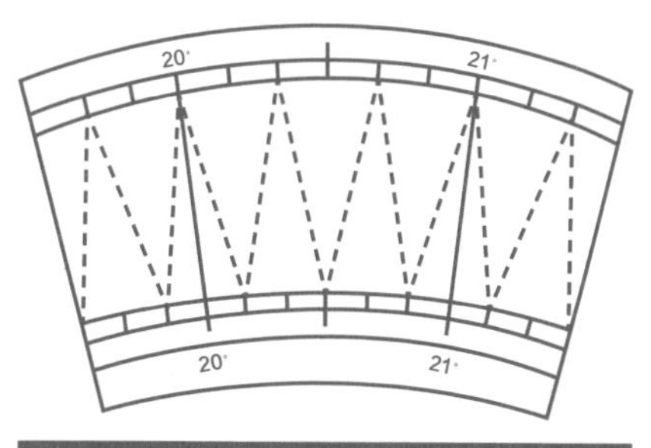

图 8　第谷发明的角度差分刻度的原理

利用这些精确的观测仪器，第谷坚持每天晚上都要亲自观测行星、恒星和天空中的其他天体。他详细地记录这些天体位置的变化。在 1572 年和 1577 年，第谷进行了两次非常重要的观测。第一次他发现一颗仙后座内的新星，第二次他仔细观测了一颗回归的彗星。那时，多数哲学家认定彗星的本质是地球大气中的一种扰动。他用一种视差观测方法无可争议地证明了他所观测的新星和彗星都要比月亮高很多、远很多。这就证明天空并不像亚里士多德等哲学家所认为的那样永远以地球为中心。此外，他还得出结论：如果彗星位于天穹上，那么它们肯定要在天穹上移动。这就打破了以前所认为只有行星能够在天空中运行的观念。第谷的观测结果改变了当时为宗教服务的正统天文理论。他的学术思想可以总结为一句话：如果要了解宇宙如何运行，你就应当拥有非常精确的天文观测仪器。

在第谷以前，根据当时的天文观测，哥白尼发展了关于地球围绕太阳旋转的日心说。1543 年哥白尼发表了《天体运行论》。这个新学说从根本上动摇了西方宗教势力维持了一千多年的地心说理论。

开普勒是第谷的最后一个天文助手。他在第谷所获得的大量精确测量的数据基础上，于 1609 年和 1619 年先后发表了《新天文学》和《世界之和谐》两本天文论著。在这两本书中，开普勒创立了行星运动的三大定律。这些定律指出，行星不但围绕太阳在旋转，而且它们的轨道并不是一个圆，而是一个椭圆，太阳则位于椭圆的一个焦点上。后来伽利略制造了光学天文望远镜，根据他自己的观测成果，进一步发展了日心说的理论，从而为牛顿力学体系的创立提供了必要的条件。

在天文光学望远镜发明前，主要的天文观测仪器一共有那些呢？它们主要是浑仪、简仪、天文钟、天球仪、星盘、方位仪、角度仪、象限仪、六分仪和八分仪等等。

第谷制造的简仪——大赤道经纬仪（图 9）曾经在中国和丹麦共同发行的古天文仪器邮票中亮相。这是一台尺寸很大的仪器。仪器的主轴是一根和地球的自转轴相平行的极轴。在极轴上有一个直径很大的赤经盘，赤经盘的两面都有可以沿盘中心旋转的窥管。在观测恒星时，通过窥管进行观测后，再将赤经盘反转，使用另一面的窥管再次进行观测，从而可以精确确定恒星的坐标位置。由于第谷仪器的赤经盘直径很大，所以它的刻度十分精细。

星盘是一种利用星图来决定当地时间或者利用当地时间来确定恒星位置的一种小型天文仪器。它一般是一个大小为 15 到 20 厘米、厚度为 6 毫米的青铜圆盘（图 10）。在铜盘的边缘是 24 小时的刻度，正上方是中午 12 点时间，正下方是午夜

图 9　第谷所制造的大简仪

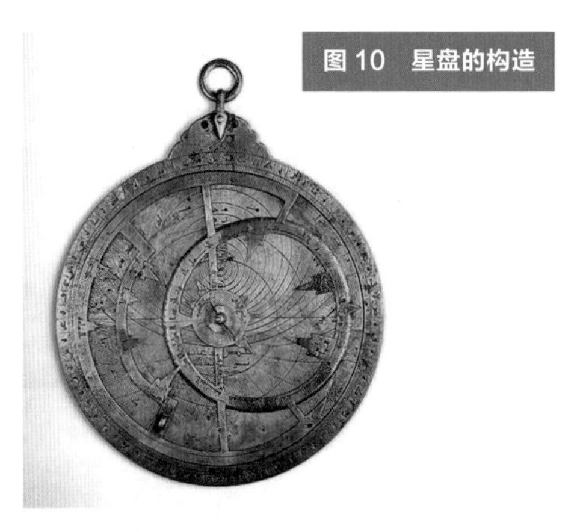

图 10　星盘的构造

图 11　第谷制造的巨大的象限仪

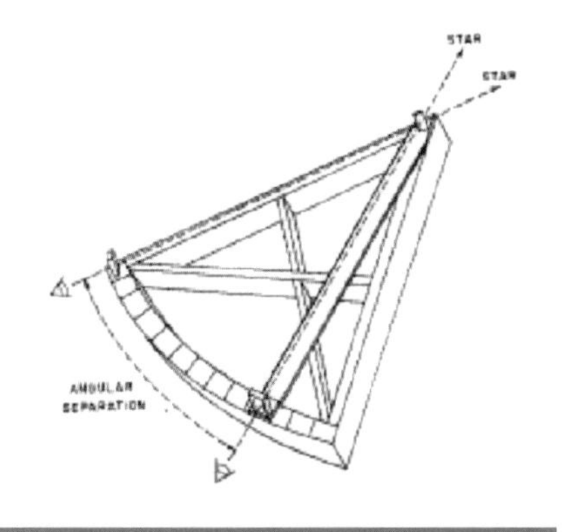

图 12　测量两个恒星之间角度的角度仪

12 点时间。铜盘上面是根据所在地的纬度可以看到的 24 小时天区星象的完整视图。圆盘上有一个可以旋转的空心套盘。套盘有一个偏心轴，当沿着轴心旋转到一定时刻时，就可以在旋转的偏心圆环内获得所在地当时天空星像的分布情况。因为在星盘上刻有当时天空中的恒星位置，所以有些星盘上还有供观测特定恒星的窥衡用以认证当时的时间。

象限仪一般尺寸很大，固定在墙面上，由圆周的四分之一所构成，是一种专门测量恒星高度角的仪器。象限仪安装在南北方向的子午面上（图 11）。如果在象限仪上增加一个在垂直方向上的转轴，则可以同时测量恒星的方位角，称为方位仪。

角度仪（图 12）是圆形的一角。它配备有两组窥衡，其中一组固定在圆面上，另一组则可以在圆面上转动。在使用时，它需要两个人同时对天上两颗不同的星进行观测。通过这种观测，可以获得这两颗星之间非常精确的角度距离。

中国古代天文仪器对世界天文学的发展有着十分重要的贡献。这些贡献主要包括：（1）首先发明了用于恒星观测的赤道式坐标系统。（2）最早发明了古恒星观测仪器——浑仪。（3）发明了以管窥天的提高观测分辨率和减少背景辐射的天文观测方法。（4）最早使用了地平式的天文仪器的支撑系统。（5）建立了最早且连续不断的天文观测记录。（6）绘制了最早的详细星图。（7）在天文仪器中最早使用十字丝来提高仪器的分辨能力。

05

天文钟的发展和应用

天文学研究的目标是整个宇宙。宇宙一词的英文“universe”起源于拉丁文，是指一个有次序的系统。在中文中，宇表示上下四方，宙表示古往今来，宇宙连起来就是整个的空间和时间。在天文观测中，时间是一个十分重要的尺度。随着时间的流逝，太阳、月亮、行星和恒星都按照它们各自特有的运动规律在天球上准时地运行。从圭表开始，中国古代计时仪器一直远远领先于其他各国。圭表这种计时仪器在阴雨天或夜间就失去效用，为此人们又发明了漏壶、沙漏、油灯钟和蜡烛钟等不同的计时仪器，这些仪器的计时精度一般都比较差。

到公元 100 年左右，中国天文学家张衡制造了一台相对复杂的浑天仪。这个仪器使用漏水来驱动，仪器指示的星辰出没时间与天文观测的结果几乎完全相符。仪器上分别装有日、月两个轮环。首先通过水轮驱动仪器的主体——浑象。浑象每天转动一周，然后带动日环每天转动 1/365 周，日环再带动月环。仪器内还装有两个木偶，在一定的时刻，分别进行击鼓报刻的活动。

公元 980 年，天文学家张思训设计了更为复杂的浑象仪。据《宋史》卷四十八记载："其制：起楼高丈余，机隐于内，规天矩地。下设地轮、地足；又为横轮、侧轮、斜轮、定身关、中关、小关、天柱；七直神，左摇铃，右扣钟，中击鼓，以定刻数，每一昼夜，周而复始；又以木为十二神，各直一时，至其时则自执辰牌，循环而出，随刻数以定昼夜短长；上有天顶、天牙、天关、天指、天抱（托）、天束、天条，布三百六十五度，为日、月、五星、紫微宫、列宿、斗建、黄赤道，以日行度定寒暑进退。"遗憾的是，浑象仪的实物和图像没有能留存下来。不过根据分析，这已经是世界上最早的一台具有擒纵机构（一种钟表机械结构）的天文钟了。

图 13　水运仪象台

图 14　水运仪象台模型

到公元 1093 年，我国宋朝的科学家苏颂在浑象仪的基础上制造了十分复杂的具有定时和报时作用的水运仪象台（图 13）。水运仪象台是一座底座为正方形、下宽上窄的大型天文仪器，高度达十二米，底部宽七米，总共分为三层（图 14）。上层为浑仪，供天文观测使用。中层是浑象，天球一半隐没在"地平"之下，另一半露在"地平"之上，靠机轮旋转，一昼夜转动一圈，真实再现星辰起落的天象变化。仪器的下层构造十分复杂，可以用于精确报时。整个下层又分为若干小层。第一小层负责报时。中国古代一天分为十二个时辰，每个时辰分为时初和时正。到了每个时辰的时初，就有红衣木人在左门摇铃；到了时正，就有紫衣木人在右门敲钟；每过一刻，就有绿衣木人在中门击鼓。第二小层负责报时辰名称。小层共有二十四个木人，手拿时辰牌，牌面写着子初、子正、丑初、丑正等。第三小层负责报告时以下的刻。每一时包括有四刻，例如：子正——初刻、二刻、三刻，丑初——初刻、二刻、三刻，等等。第四小层负责报告晚上的时刻。木人根据四季的不同击钲报更数。第五小层负责报告昏、晓、日出以及几更、几筹等情况。总共有三十八个木人，木人可以随着节气的变更而交替出现。这个仪器中所使用的钟表擒纵机构已经为世界所公认，这是判断仪器是否是钟表的重要标志。1200 年以后，擒纵机构流传到欧洲，促进了现代意义的钟表技术的发展。

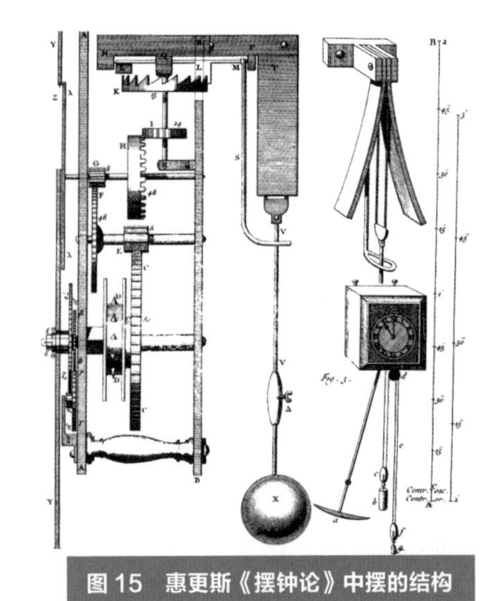

图 15　惠更斯《摆钟论》中摆的结构

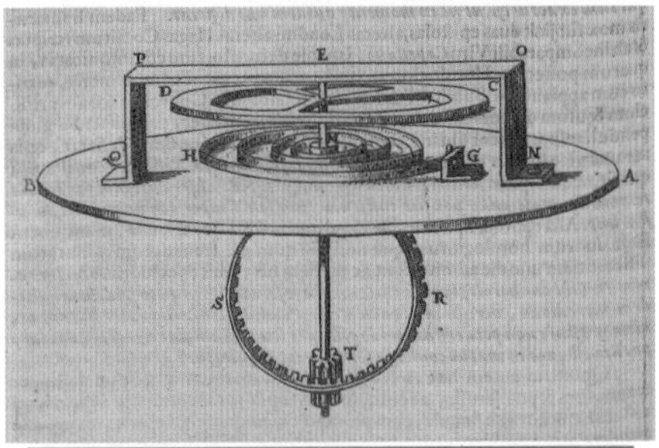

图 16　惠更斯绘制的游丝和摆轮示意图

1582 年伽利略发现长度一定的摆具有固定的摆动周期。不过更严格地讲，摆的周期仍然和它的振幅有关。只有当摆长在运动中满足特定的条件时，摆的周期才是固定不变的。为了实现这一点，可以在摆线上端用两个曲面来缩小这种摆在大振幅摆动时的摆长（图 15），这样所获得摆的周期就是严格恒定的了。1658 年惠更斯发明了精确的摆钟（图 16）。不久应用发条作为动力，具有游丝摆的表正式出现，从此欧洲的钟表业呈现一派繁荣的景象。

时钟在欧洲重新发明后不久就达到了很高的精度。天文钟也开始应用于天文观测之中。利用天文钟最早获得的天文发现是太阳在一年之中到达正午的时间并不是完全一致的。这是由于地球并不是沿着一个正圆形的轨道围绕着太阳来运动，所以太阳到达正午的时间有时快一点，有时则慢一点。

1665 年巴黎天文台卡西尼借助精确的天文钟，发现了木星自转的周期是 9 小时 56 分。木星自转的发现使人们更加相信地球本身有自转的事实。卡西尼还测量了木星卫星围绕木星公转的周期，并编制了木星遮盖其卫星的时间表。不过他所编制的时间表并不是特别精确。实际上，当地球在朝向木星运动时，木星掩星的时间会提前，而当地球向远离木星方向运动时，木星掩星的时间会退后。

1675 年丹麦天文学家罗默注意到木星遮盖它卫星的时间有变化的现象，由此认为光线在空间传播需要一定的时间。他计算出光线通过地球轨道的时间大约是 22 分钟。如果知道地球轨道的直径，就可以知道光的传播速度。非常凑巧，当时正好已经知道了地球轨道的大致直径。根据当时数据，他计算出光的速度是每秒 22.7 万千米。这个数字和真正光速每秒 30 万千米有一定的差距，但差距并不是很大。

06

中国古天文仪器的遭遇

在我国漫漫历史长河中，曾经出现过很多十分精美的古代天文仪器。不过由于历年征战、朝代替迭和外族入侵的原因，绝大多数的古天文仪器均已经遭到破坏。现在仅仅在南京紫金山山顶和北京的古观象台上还保存着为数不多的几台中国古代天文仪器。

在南京紫金山顶上的紫金山天文台的紫金山科研科普园区内，保存着精美的圭表、浑仪、简仪和天球仪。在北京的观象台上保存着的是十分珍贵的天体仪、赤道经纬仪、黄道经纬仪、地平经仪、象限仪等。

说起这些精美仪器，不得不回到中国的金代。金灭北宋以后，将宋朝都城开封的皇家天文仪器运送到金的中都北京，同时在北京设立太史局和司天台。1279 年，郭守敬等天文学家在司天台上又建造了很多精美的古天文观测仪器，使北京成为当时世界上当之无愧的天文观测中心。那时的欧洲仍然处于中世纪神权黑暗的统治之下，他们的科学史几乎是一片空白。

元末明初，连年战乱将元朝司天台全部毁坏。明朝定都南京后，一部分司天台的天文仪器被安放在南京鸡鸣山上。1421 年明朝迁都北京，由于没有及时运来天文仪器，皇家司天官只能在北京的齐化门上做肉眼观测。1424 年在紫禁城内西侧才又设立了皇家观象台。1435 年皇室开始铸造铜质的天文仪器。1440 年，在古观象台台址上开始建造观象台。当时在观象台上放置了简仪、浑仪和浑象等大天文仪器，台下则陈设了圭表和漏壶等仪器。

1644 年清朝统治中国，清朝皇帝康熙十分重用比利时传教士南怀仁。当时南怀仁奉康熙之命，在前人的基础上设计了六件新天文观测仪器。这些仪器在 1673 年制成，有赤道经纬仪、黄道经纬仪、天体仪、地平经仪、地平纬仪、纪限仪。注意这个时候距离光学望远镜的发明已经超过半个世纪，距伽利略天文望远镜的诞生也已经过去了 63 年。然而这位洋人所铸造的仪器竟然没有一个包含光学望远镜。更有甚者，这些仪器使用的仍然是非常落后的、已经被淘汰的黄道坐标系统，远远落后于 400 多年前郭守敬设计的简仪和 60 多年前第谷所制造的文岛天文台的仪器。南怀仁所制造的新仪器就安置在古观象台的上部，而明代仪器全部被移放到了观象台的下面。

1715 年，法国传教士纪理安又设计了地平经纬仪，也被安装在台的上部。这架仪器是地平经仪、地平纬仪的合成，使用起来比较方便。但纪理安在监制这架仪器时，竟将台下遗存的元、明代天文仪器当作废铜来使用，使得很多珍贵的国宝毁于一旦。后来有人发现并奏明朝廷，康熙皇帝才下令禁止这种破坏行为。这样一来，也仅仅保留了少数几件明制的浑仪、简仪和天体仪。辛亥革命后，天体仪又不知去向。

1744 年乾隆皇帝亲自视察了古观象台，发现新铸造的天文仪器外形完全是西洋图案，和中国传统脱节，所以后来仪器的外部又增加了中国传统的装饰图案。乾隆皇帝还根据《尚书》中 “璇玑玉衡，以齐七政”亲自命名了玑衡抚辰仪的名字。

1900 年 8 月 14 日，八国联军入侵北京，北京古观象台被洗劫一空。德法侵略军首领瓦德西和伏依龙看到我国明清古天文仪器十分精致，私下瓜分了所有这

图 17　古观象仪器被抢劫后被安置在德国波茨坦离宫的浑仪

些文物。同年 12 月，法国侵略军将赤道经纬仪、黄道经纬仪、地平经纬仪、象限仪和明制简仪搬到了法国大使馆。1902 年迫于世界舆论压力归还我国。

1901 年 8 月德国侵略军将明制浑仪、清制天体仪、玑衡抚辰仪、地平经仪和纪限仪运到德国不来梅港，9 月 2 日运至当时德国首都波茨坦，仪器陈列在波茨坦离宫皇家花园的草坪上（图 17）。重量特别大的圭表在分赃时由于难以运输，他们两家想将它锯成两半，所以至今仍然留下了一道永久的锯痕。

1918 年，中国代表团在巴黎和会上提出归还中国古天文仪器的要求。《凡尔赛和约》最终决定，德国必须将 1900 年从中国掠去的古天文仪器在 12 个月内归还中国。1920 年 6 月，这批古天文仪器拆卸后在波茨坦装上了日本“南开丸”号轮船，经日本神户运往北京。但轮船在日本转口时，日方又企图扣押这批仪器，以要挟中国政府承认日本在山东的种种特权。8 月 14 日，《晨报》以“日本将抢夺我天文仪器——借以胁迫我直接交涉”为题，揭露日方阴谋。德方也急于履行《凡尔赛和约》条款，日方的阴谋才没有得逞。1920 年 9 月，仪器经日本“樱山丸”号轮船由神户启程，10 月 1 日运抵天津。1921 年 4 月 7 日，古天文仪器运至北京，在荷兰公使欧登科的指导下，仪器复原。其中，天体仪、纪限仪、地平经纬仪、玑衡抚辰仪安装在天象台上，浑仪安装在台下。7 月 2 日《晨报》再次报道：“今者赵璧重归，闻观象台不日将特开大会，刊印图说。俾邦人士共相观览……”国宝失而复得，1921 年 10 月 10 日中央观象台组织大规模的公开参观活动，同时展出的还有曾被法军掠走的简仪。之后中央观象台开始修建，并于 1922 年完工。至今仍可以在北京建国门古观象台看到一部分中国古天文仪器。

图 18　紫金山山顶上的天球仪、简仪和圭表

1932 年中国筹建第一座近代天文台，紫金山天文台。为了防止战争破坏，1933 年南京政府下令抢运北平文物。6 月，浑仪、简仪、圭表（图 18）、漏壶以及清末新制的小地平经纬仪、小天体仪被运至南京浦口。1934 年 2 月 1 日，十余件仪器被装上平板车，挂在一列客车后渡过长江，经南京下关，运抵太平门车站。后由三吨半卡车运至紫金山山顶。这批从北平抢运出来的古天文仪器至今还陈列在位于紫金山山顶的南京紫金山科研科普园区内。其他的一些古天文仪器，如玑衡抚辰仪等，仍然保存在北京古观象台上（图 19）。

图 19　在北京观象台上的玑衡抚辰仪

浑仪

也称“浑天仪”。是古代测定天体位置的一种仪器。西汉落下闳也曾制造。在支架上固定两个相互垂直的圈，分别代表地平和子午圈；在其内还有若干个能绕一条和地轴几乎平行的轴转动的圈，它们分别代表赤道、黄道、时圈、黄经圈等。在可转动的圈上，附有可绕中心放置的窥管，用以观测天体。仪器铸造于明朝正统年间。

简仪

元朝郭守敬（1231~1316）创制，在浑仪的基础上简化改进而成。可用以测量天体的赤道坐标和地平坐标，各部分之间互不干扰。南侧日晷，白天可按日影测定时刻。仪器铸造于明朝正统年间。

圭表

最古老的天文仪器。在大约三千年以前的我国殷周之际，中国古人便已经开始使用这种仪器。南北平放的称为“圭”，南端直立的称为“表”。正午表影投射在圭的中央，一年中冬至日影最长，夏至日影最短。因此测定日影长短就可以定出冬至夏至等二十四个节气，测定日影长度变化的周期，就可定出一年的天数（365 1/4 天）。仪器铸造于明朝正统年间，清朝重修。

天球仪

又名浑象。东汉的张衡、三国的王蕃、刘宋的钱乐之都曾造过这种仪器。它用以表现恒星和星座位置，并能演示天体的周日运动。1900 年八国联军入侵北京，古观象台被劫殆尽，清政府于 1903 年复制此仪。此仪直径三尺，嵌有 1449 颗恒星，沿袭了中国古代的星名和星座划分，南极圈内的星座是明末由西方传入的。

07

光学天文望远镜的诞生

地球上一直存在着火山爆发后所形成的玻璃珠状体。在公元前 2000 年左右，古人类也开始有目的地制造一些玻璃装饰品。玻璃制造业的兴起开始于青铜器时代，人类逐渐对凸凹面镜的机能有所认识。

中国古代《淮南子》中曾说“阳燧见日则然而为火”。在《古今注》中有“阳燧以铜为之，形如镜，向日则火生，以艾承之，则得火也。”可见“阳燧”就是凹面镜的太阳能收集盘，它能在焦点上聚光而点火。墨子是我国最早的光学专家，他说过：“景。光之人，煦若射，下者之人也高，高者之人也下。”光线经过一个小孔，影像会颠倒，高的会成像在下方，低的会成像在上方。墨子已经知道凹面镜的成像现象，他说：“临鉴而立，景到。”意指物体经凹面镜反射，所成影像是倒立的。在西方凹面镜早期用于灯塔上光的聚结。

光学望远镜究竟何时何地发明，这个问题至今未有定论。传说中阿基米德曾经用抛物面反射镜聚焦太阳光而烧毁古罗马的海军船只。在古希腊时代，斯特拉博的《地理学》中，也已经出现了关于光学望远镜的记载。不过这些说法现在没有任何考古证据的支持，非常不可信。

类似的关于光学望远镜的传说在我国史书上也有记载。在北宋时期，有一个出身贫寒的宰相吕蒙正 (946 — 1011)，他为官十分清正，知人善任。有一天吕蒙正回家，有一个小官吏求见。小官说："下官卑微，不过有一件家传宝物，可以孝敬大人。"说着从衣袖里掏出一个绸缎小包，里面是一面直径半尺左右的铜镜，擦得亮铮铮的。他说："大人，这面镜子已传了九代，也算一面古镜。" 他托着镜子，继续表白："这面古镜能够照见两百里之外的事物——人物、器具、房屋、街道，无不清清楚楚。大人，您瞧一瞧……""哈哈哈……"吕蒙正大笑道，"以铜为镜，可以正衣冠，我的脸不大，哪里需要能照二百里远的镜子！如果收下它，世人岂不要说'当今的宰相脸好长'了！" 类似的故事在中国史书中大概出现了几十次。

13 世纪英国的培根已经将凸透镜作为放大镜使用。在培根的著作中，也提到古罗马统帅恺撒拥有光学望远镜的传说。英国罗伯特 · 坦普尔报道了现今收藏在雅典卫城博物馆的多个古水晶透镜，他认为用这些透镜来构成一架光学望远镜是非常轻而易举的事。

明人郑仲夔在《玉麈新谭 · 耳新》中也记录着早在伽利略之前就已经存在光学望远镜的传说。这台光学望远镜是由传教士利玛窦在 1582 年带到中国的。清初王夫之在《思问录 · 外篇》中就有"玛窦身处大地之中，目力亦与人同，乃倚一远镜之技，死算大地为九万里"之语。

比较传统的说法是：在 14 世纪，大概 1350 年威尼斯人就首先发明了质量很好的凸透镜，这些透镜的两个表面均是球面，比较容易加工。一般两个相互接触的玻璃表面经过碾磨就可以获得一个凸起的和一个凹陷的透镜镜面。后来在 1450 年，凹透镜被发明，随后以凹透镜为主的眼镜制造业很快发展起来。这时发明光学望远镜的所有条件已经成熟。到 1608 年一个荷兰眼镜商的学徒偶然地将一片凸透镜放在一片凹透镜的前方，从而发明了第一台光学望远镜，它的放大倍数大概是 4 倍。

不过现在许多学者都相信，在荷兰眼镜商之前就已经有了光学望远镜。在发明光学望远镜的人选中，英国数学家迪格斯是一个非常重要的候选人。证据之一是他的儿子托马斯 · 迪格斯在 1571 年留下了一份十分详细的光学望远镜使用说明书，这可能是他父亲伦纳德 · 迪格斯生前已经发明的由一个透镜和凹反射镜所构成的反射式望远镜。那一年伽利略才 7 岁。另外在 1538 年的威尼斯，也曾经有过关于光学望远镜中两个透镜的位置安排的文字记载。

由于光学望远镜可以将远方的物体放大，所以望远镜这个发明具有非常重要的军事意义。荷兰眼镜商在发明光学望远镜之后，申请了一个专利，并获得了大批来自军方的订单。这种包含一个凸透镜和一个凹透镜的光学折射望远镜叫作伽利略望远镜。在这种折射望远镜中，凹透镜距离眼睛近，叫作目镜，凸透镜距离物体近，叫作物镜。伽利略望远镜的镜筒比较短，能够形成物体的一个放大的正像。

真正的天文光学望远镜毫无疑问是 1609 年由意大利天文学家伽利略（1564—1642）制造成功的。这是一台口径只有 1.2 厘米的小口径光学望远镜。意大利是欧洲文艺复兴的起源地，世界上第一所大学就是 11 世纪建立的意大利波伦亚大学，世界上第一个科学院就是罗马的林琴科学院。伽利略出生在意大利一个破产的贵族家庭，父亲是一个音乐家。他的父亲希望伽利略学习药物学，但是伽利略对数学更感兴趣。他非常聪明，多才多艺，研究过单摆的运动规律，发明过比重计，进行过不同材料的小球在斜面上运动的实验。他的实验为牛顿的三大定律铺平了道路。

1589 年伽利略才 25 岁，毕业后成为比萨大学的数学教授。1592 年他转入学术气氛自由的帕多瓦大学。当他听到光学望远镜发明的故事后，很快就搞懂了它的放大机理，并且自己制造了一台小口径的光学望远镜。他所使用的透镜是简单的平凸和平凹透镜。这台望远镜的放大倍数仅仅为 3.3 倍。当他将这个望远镜演示给城市官员后，他的工资提高了整整一倍，并且还获得了一个终身教授的职务。现在伽利略制造的光学天文望远镜仍然保存在佛罗伦萨科学史博物馆中（图 20）。

图20 伽利略望远镜（藏于佛罗伦萨科学史博物馆）

伽利略望远镜是怎样对目标实现成像的呢？原来光线经过简单的薄透镜后有这样一些规律：（1）通过透镜中心的光线将保持光线原来的方向不变；（2）通过透镜中心垂直于镜面的直线可以看作是透镜的光轴，平行于光轴的光线经过凸透镜后会聚合起来，并通过它在这个光轴上的焦点；平行于光轴的光线经过凹透镜后则会发散开来，它的反向延长线会通过透镜对面的一个虚焦点。（3）如果入射的光线经过凸透镜的焦点后再通过透镜时，则出射光线平行于光轴。同样如果入射光线会聚于凹透镜对面的虚焦点上，那么经过凹透镜后它们也会变成平行于光轴的光线。在伽利略望远镜中，物镜的焦点正好和目镜的一个虚焦点相重合。

天文光学望远镜用来观测距离我们很远的星球。来自遥远恒星的光到达光学望远镜时已经可以看作是一组平行光。平行光经过凸透镜后会聚焦在它的实焦点上。在伽利略望远镜中，目镜的位置在物镜的实焦点前面。物镜的实焦点和目镜的虚焦点的位置正好重合。在凹透镜中，会聚于它的虚焦点上的光经过折射以后会成为平行于光轴的平行光射出。如果星体目标有一定的大小，那么经过望远镜后，星体的角直径将得到放大。这个光线出入望远镜的角度放大值就是望远镜的角放大率。伽利略望远镜的（角）放大率等于望远镜物镜和目镜的焦距比。望远镜的放大率是目视光学望远镜的一个重要技术指标。现代大口径光学天文望远镜不通过眼睛成像，所以常常不使用放大率这个指标，而采用角分辨率来作为它的技术指标。

制造第一台光学望远镜以后，1612 年伽利略又制造了一台口径为 2.6 厘米、放大率为 33 倍的光学望远镜。这才真正是世界上第一台光学天文望远镜。伽利略使用这具望远镜仔细观测了月球，发现月球上有山峰和谷地（图 21）。天上的月亮并不是当时人们所想象的那样，是一个非常完美的水晶球，而是表面和地球一样高高低低、坑坑洼洼。这个实际景象和当时欧洲中世纪宗教所宣扬的天堂景象似乎完全格格不入。

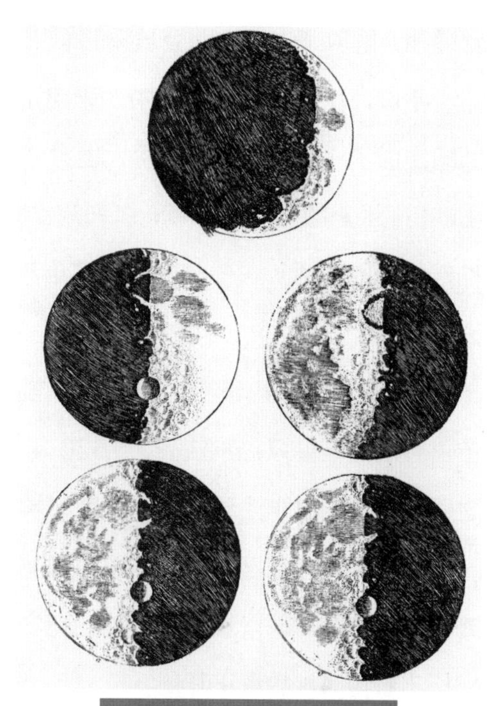

图 21　伽利略绘制的月球素描

有了光学天文望远镜以后，伽利略当然也要用它看看其他天区。他发现，在望远镜焦面上，可以看到的星星数量大大增加。他在木星的周围，一下子就发现 4 颗围绕木星旋转的卫星。原来地球并不是上帝的宠儿，天上的木星也有环绕它旋转的卫星。疯狂的是，伽利略居然用他的眼睛直接在望远镜中来观测太阳，发现了太阳表面上的黑点，这就是太阳黑子。这次发现比古中国人晚了几千年。在伽利略的晚年，他的眼睛双目失明，可能就是由于盲目用目视光学望远镜观测太阳所造成的后果。他还发现了金星的相位变化。这个相位变化直接说明金星是围绕着太阳而不是围绕着地球转动。这和哥白尼 1543 年临死时所提出的日心说观点完全一致，哥白尼可能是对的。1620 年伽利略又建造了一台口径 3.8 厘米的光学天文望远镜。

伽利略的天文观测成果发表后，很多人觉得不可思议。因为这些细节全部违反了欧洲宗教学说中关于天堂的描述。天文望远镜的诞生在思想僵化的欧洲打开了一丝缝隙，解放了人们长期被禁锢的思想，打开了现代科学在欧洲发展的大门。

不过，在以后的几十年中，来自宗教统治者的惩罚压力越来越大。1632 年伽利略出版了一本专著《关于两大世界体系的对话》，公开表明了他支持哥白尼所提出的日心说的观点。第二年，伽利略立即被宗教当局软禁。1638 年他又发表了《两种新科学的对话》一书。在被软禁十年以后，1642 年伽利略在十分悲惨的生活中离开人世。

在伽利略之前，哥白尼的日心说发表于 1543 年。布鲁诺教士 1600 年因为宣传日心说而被处以酷刑烧死。1630 年开普勒在穷困潦倒的路途上死亡。伽利略和之后的牛顿的科学活动形成了早期科学发展的第一个黄金百年。在伽利略之后很长一段时间，意大利再也没有产生有影响力的科学家。爱因斯坦曾经这样评价过伽利略：伽利略的发现以及他所开创的科学方法论是人类思想史上最伟大的成就之一，它标志着物理学的真正开端。

光学望远镜发明以后，这种仪器也很快被带到了中国。1631 年明代天文学家徐光启就已经使用这种新发明的折射光学天文望远镜进行天文观测。不过遗憾的是光学望远镜的引进并没有对中国天文和工业发展产生重要作用。

在欧洲，光学望远镜很快成为军事领域的重要工具。西方上层人士在观看歌剧时也常常使用一种双筒伽利略望远镜，即歌剧院望远镜。仅仅几年以后，另一种折射光学望远镜，即开普勒光学望远镜，也应运而生。

08

开普勒望远镜的诞生

哥白尼的日心说发表于 1543 年。28 年后的 1571 年开普勒出生于德国魏尔德尔斯塔特一个贫民家中。开普勒是早产儿，体质很差，幼年患上了天花和猩红热，侥幸死里逃生，身体却受到严重摧残。他视力衰弱，一只手半残。但开普勒身上有一种进取精神，他一边帮父母料理酒店，一边学习，成绩始终名列前茅。1587 年，16 岁的开普勒进入蒂宾根大学，这时他的父亲病故，母亲因有罪而入狱。生活的不幸没有使他悲观，他反而加倍努力。在大学期间，他成为哥白尼学说的拥护者。他具有非常好的数学基础。大学毕业后，开普勒又获得天文学硕士学位，在一个神学院担任教师。后来由于天主教的控制，他离开神学院，于 1600 年成为天文学家第谷的助手。次年第谷去世，开普勒接替第谷的职位，成为国王数学家。然而出身贫寒、书生气十足的开普勒不可能和贵族出身第谷相比。开普勒的薪俸仅仅是第谷的一半，国王还时常拖欠着不给。文岛天文台因为缺乏经费而逐渐荒凉。由于收入不足，开普勒生活非常困苦，在艰苦环境下开普勒依然取得了天文学上的重大成果。

第谷为开普勒遗留下大量十分精确的天文观测资料，由于他的天文台有很多大尺寸的观测仪器，所以他的观测精度已经达到了 1 角分。开普勒在第谷观测资料的基础上，对火星轨迹进行详细研究。他使用哥白尼同心圆的理论来贴合火星的实际轨道，但是理论值和实际测量值之间的偏离很大，总是不能和观测记录相符。他便将同心圆改为偏心圆，又进行了大量计算，似乎找到了与事实较为符合的方案，但仍然有 8 角分的误差。这个微小的误差仅相当于火星在 0.02 秒时间内转过的角度。但是开普勒坚信第谷的观测数据是可信的，他敏感地意识到火星轨道并不是一个圆，而是一个椭圆。随后，开普勒将火星轨道确定为一个椭圆，这个假设和火星实际轨道非常吻合。后来他又推导出地球轨道也是一个椭圆。

1609 年开普勒出版了《新天文学》一书，提出了开普勒第一第二定律。开普勒第三定律则是在 10 年后的 1619 年出版的《宇宙和谐论》中提出的。开普勒第一定律为：所有行星绕太阳运转的轨道都是椭圆，而太阳则位于这些椭圆的一个焦点上。开普勒第二定律为：太阳和行星的连线在相等时间内所扫过的面积相等。开普勒第三定律为：行星公转周期的平方与行星和太阳的平均距离的立方成正比。

开普勒第三定律对牛顿力学体系的建立起着非常重要的作用。据历史记载，开普勒是在 1618 年 5 月 15 日研究一首古曲的曲调时，得到他那不朽的行星运动的三大定律的。当时开普勒正致力于找寻行星运动中的音乐乐谱，他坚信，大自然的旋律具有天然的内在美，它们必定像音乐那样令人神往。他反复计算行星在近日点和远日点的运动速度和各种各样的比例关系，力图证明水星、金星、地球、火星、土星和木星的这些运动量是有节奏并遵守和声规律的，本身应该就是一首歌的旋律。所以他需要知道行星周期和距离之间的确定关系。经过长久试探，他终于写出了行星运动的主旋律乐谱。

1611 年丹麦国王退位，开普勒失去了御用数学家的职务。1612 年开普勒被聘到奥地利林茨一所大学任教。由于校方也拖欠薪金，开普勒一家生活极端拮据。1913 年开普勒妻子病故，他又与一个贫家女子成婚，生活依然艰难。1618 年欧洲各国分裂成为两大集团，集团之间爆发了战争。在颠沛流离的环境下，开普勒依然没有间断对天文学上重要课题的研究。

晚年开普勒坚持不懈地同教会和唯心主义的宇宙论做斗争。1630 年 11 月，因数月未得到薪金，生活难以为继，开普勒不得不到雷根斯堡去索取。连年战争、长期漂泊、生活贫困以及教会迫害不断困扰着他。在花甲之年，为向宫廷争取他近 20 年的欠薪，开普勒长途跋涉，不幸在途中病倒不起。当年 11 月 15 日开普勒在一家客栈离开这个世界。他死时，除书籍和手稿之外，身上仅剩下 7 分钱。他为自己写好的墓志铭是:“我曾测天高，今欲量地深。我的灵魂来自上天，凡俗肉体归于此地。”

开普勒是杰出的天文学家、光学专家和数学家。1610 年开普勒第一次接触伽利略光学望远镜，精通光学和数学的他很快就发明了另一种镜筒稍长的光学望远镜。这种光学望远镜由两片凸透镜构成，它的目镜前焦点和物镜后焦点正好重合（图 22）。比较伽利略望远镜，它的镜筒稍长，视场大，放大率也较大。不过它所形成的像是一个倒像。这个倒像的缺点在军事上和观看表演剧目上有很大影响，但是在天文观测上影响不大。由于这种望远镜焦点是实焦点，所以可以将带刻线的十字丝放置在这个焦点上来精确测量天体的角尺度。后来的折射光学天文望远镜一般均采用这种形式的结构安排。

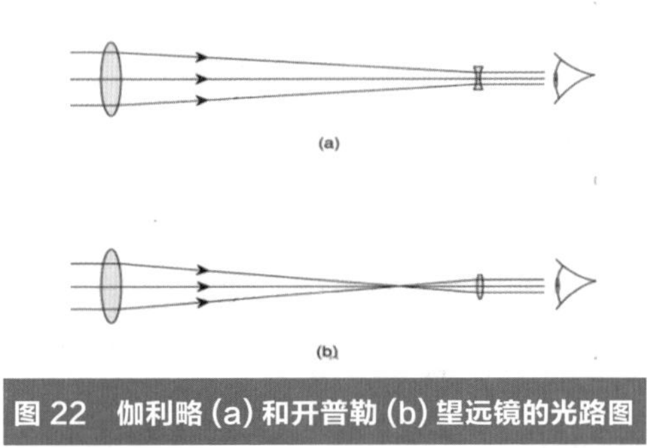

图 22　伽利略 (a) 和开普勒 (b) 望远镜的光路图

伽利略望远镜和开普勒望远镜都是目视望远镜，目视望远镜是一种无焦系统。来自恒星的平行光经过望远镜以后仍然以平行光进入人的眼睛。现代光学望远镜一般不采用眼睛来直接观测，所以不需要目镜。现代光学天文望远镜一般直接在物镜焦面上成像，用照相底片或 CCD 相机来记录星像。

在折射光学望远镜中，由于玻璃对不同颜色，不同波长的光具有不同的折射率，所以它们在透镜上的折射角各不相同，来自恒星的光不能够会聚于一个焦点，这样就会产生特殊的成像误差，即色差。同时由于普通透镜表面是球面，球形表面的镜面也会形成一定的成像误差，即球差。因为有色差，所形成的像会产生颜色重叠的现象，而球差则会引起透过球面透镜的光线，距离透镜中心不同距离时，具有不同的焦点位置的现象。在 17 世纪初，人们不知道如何消除色差和球差。所以不管是伽利略望远镜还是开普勒望远镜都同样受到色差和球差的严重影响。光学天文望远镜的理想星像是一个非常明锐的像点，由于色差和球差的存在，观测者实际上看到的却是一块模糊，弥散的像斑。

开普勒本身并没有实际制造出一台“开普勒望远镜”，这种望远镜是由一位名叫沙伊纳的天主教牧师首先制造出来的。开普勒望远镜同样有优秀的光学性能，为当时的天文学家所采用。利用开普勒望远镜，天文学家观测到很多新的天文现象，如木星的环、火星的斑纹，甚至可以看到木星的卫星在木星表面穿过时所形成的影子。特别是 1650 年，天文学家首次观测到了一对恒星双星，它的两颗成员星在天上的视位置非常接近。

1645 年光学专家谢尔乌斯发明了一种能够将开普勒望远镜中的倒像翻转的特殊目镜，这样开普勒望远镜也可以和伽利略望远镜一样，对目标物成正像。这使得开普勒望远镜在军事和其他活动中得到广泛的应用。

开普勒望远镜的镜筒本身比伽利略望远镜的镜筒长一些。同时由于其他的原因，后来的天文光学望远镜经历了一段很长时间的演变和发展。光学望远镜将变得越来越大、越来越长、越来越重、越来越复杂……

09

长镜筒折射望远镜时代

天文学首先是从天体位置的测量开始的。天体测量主要就是要确定各个天体在天球上的具体位置、它们的运动情况、轨道、周期，以及它们和地球的距离。精确的天体位置测量需要很高的望远镜分辨率。

没有精确的光学望远镜也可以大概地了解天体之间的角度尺寸，如果你向正前方张开你的手臂，从握拳的状态开始，仅仅伸出一个小拇指，那么这个小拇指的宽度所代表的就基本上是角尺度中 1 度的大小。如果你从握拳的状态开始，同时伸出中间的三个手指，那么这三个紧靠的手指的宽度就基本是 5 度的角度大小。如果你将右手握成拳头，大拇指顶着食指，那么这个拳头的最大宽度就基本上是一个 10 度的张角。如果你将右手的中间三个手指握起来，尽力将大小拇指向外侧伸出，那么从大拇指顶点到小拇指顶点的距离就基本是一个 25 度的张角。

天体位置的精确测量要依靠光学望远镜的高分辨率。所谓分辨率就是望远镜分辨两个靠得很近天体的能力。在望远镜发明初期，折射望远镜的分辨率主要受到了球差和色差的严重影响。

17 世纪中叶，人们对色差和球差了解很少。开普勒对球面透镜进行了分析，知道了球面透镜总是存在着球差问题。1621 年光学专家斯涅尔发现了光的折射定律。根据这个定律：入射光线和折射光线处在同一平面内，并且分别位于介质分界面垂线的两侧，入射角和折射角的正弦比等于两种介质的折射率之比。这个早期成果他一直没有发表，直到 1638 年经过笛卡尔的发表才为世人所知。

有了这个折射定律，理论上可以设计具有非球面形状的消球差透镜。但是在技术上，当时很难加工任何非球面透镜，同时在那时，消除色差更是一个没有解决的难题。不过从斯涅尔定律出发，如果透镜的表面仅仅是一个大球面中很小的一部分，即曲率非常小，这时候角度的正弦值近似地等于角度本身的弧度值，这种小角度折射所产生的球差和色差的影响就会很小。

当透镜表面曲率很小时，透镜的焦距就非常长。这样就出现了一系列焦距和镜筒非常长的天文光学折射望远镜。

在长镜筒天文望远镜的历史中，波兰天文学家赫维留是一个重要人物。1611 年赫维留出生于一个富有的啤酒商家庭，很年轻就担任了啤酒行业协会主席，之后又担任格但斯克市议员和市长。1639 年，他开始研究天文光学望远镜，并且制造了一台巨大的、带有光学望远镜的地平象限仪。

1641 年赫维留完成了一台长焦距的光学望远镜。它的直径仅仅 12 厘米，但镜筒却长达 46 米，是一台超长镜筒的光学折射望远镜（图 23）。为了使这个超长镜筒望远镜有足够空间，他不得不在屋顶上设立他的私人天文台（图 24）。他通

图 23 赫维留制造的长度 46 米的超长折射望远镜

图 24 使用长望远镜的屋顶天文台 vc

过一根高高的桅杆，来转动这台非常长的光学天文望远镜。这台巨大而奇怪的望远镜也使格但斯克市一举成名，成为继哥本哈根文岛后欧洲的又一个天文观测中心。赫维留将他的天文台称为恒星城堡。

图 25　赫维留所绘制的月面图及他和夫人一起观测的版画

赫维留利用这台长镜筒光学天文望远镜对月球表面形状进行了长达四年的专门研究。1647 年他发表了一幅非常详尽，十分精致的月面图像（图 25）。这幅月面图像比伽利略所绘制的月面图要详细很多。他同时对太阳黑子、彗星也有很深入的研究。在他所留存的观测记录中还有一幅他和他的第二任夫人一起进行天文观测的版画。他的这位夫人伊丽莎白参加过很多天文观测和讨论，接待过很多重要的来访天文学家，如英国皇家天文学家。她应该是人类历史上第一位女天文学家。

和第谷的天文观测不同，赫维留的观测是通过光学望远镜进行的，所以他的观测精度远远高于第谷的。不过在当时，影响更大的天文权威仍然是英国皇家协会的会长——力学家胡克。胡克对赫维留的观测结果存在严重偏见，认为他的观测受到了眼睛能力的限制，不可能有高于 1 角分的精度。后来胡克派出之后成为皇家天文学家的哈雷亲自去波兰考察，才证实了赫维留的肉眼观测已经达到更高精度。1679 年赫维留的恒星城堡天文台停止工作。这时他已经 68 岁，是一位花甲老人。8 年以后，赫维留去世。

荷兰著名的光学专家克里斯蒂安 · 惠更斯也是这种长镜筒设计趋势的主要推动者。惠更斯在 1629 年出生于海牙一个富有的外交家家庭。他父母分别是大臣和诗人，父亲同时是数学家笛卡尔的朋友。惠更斯 16 岁进入大学，22 岁发表第一篇科学论文，26 岁获得博士学位。1655 年他和他的哥哥一起磨制镜片，用于制造显微镜和望远镜。1656 年他发明了摆钟，同时提出了十分重要的光的波动理论。利用这个理论，可以很好地解释光的反射、折射和衍射等种种光学现象。1663 年，34 岁的惠更斯成为英国皇家学会会员，随后在巴黎获得了科学工作的第一笔薪俸。1666 年 5 月他成为荷兰和法国科学院院士。惠更斯多才多艺，他在数学、力学、光学和天文学方面均有建树。他在光的波动说上的贡献众所周知，他对时间测量、动能公式等也做出了重要贡献，并且发明了通过观测玻璃毛坯中的应力条纹来了解玻璃折射率的方法。惠更斯体弱多病，一生致力于科学事业，终生未婚。1672 年荷兰共和国和路易十四及其同盟者之间爆发战争。惠更斯在 1681 年离开巴黎，1689 年来到伦敦，见到了牛顿。他和牛顿进行了关于光的本质的讨论。牛顿坚持他的粒子学说，而惠更斯则坚持他的波动理论。直到 21 世纪，人们才发现这两个理论其实都是对的。1695 年 7 月 8 日惠更斯在海牙逝世，死后出版的文集多达 22 卷。

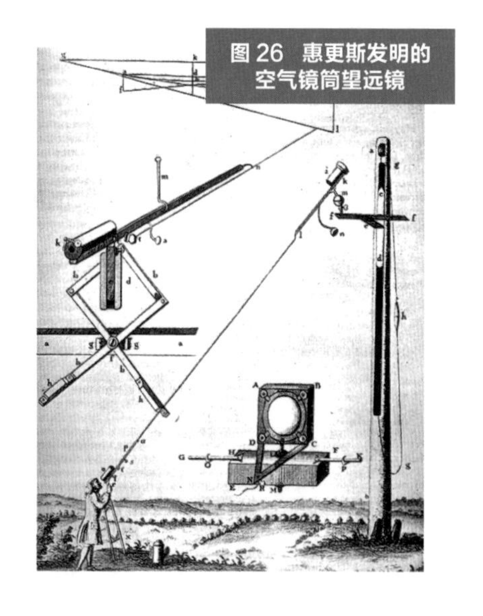
图 26　惠更斯发明的空气镜筒望远镜

1655 年惠更斯制作了一台口径只有 5.7 厘米，但长度达 3.6 米的长镜筒光学天文望远镜。次年，他使用这台望远镜发现了土星的一颗卫星。后来他又制造了一台口径 7 厘米、长度近 7 米的光学天文望远镜。利用新的长镜筒望远镜，惠更斯于 1659 年发现了土星光环。因为镜筒越来越长，非常容易产生变形，所以惠更斯干脆取消了镜筒，而直接将物镜放置在一个升降台上，然后用绳子和目镜连接在一起来进行天文观测，这种装置被称为空气镜筒望远镜（图 26）。1686 年惠更斯和哥哥康斯坦丁合作制造了口径为 20 厘米和 22 厘米的空气镜筒望远镜，它们的镜筒长度分别是 52 米和 64 米。相比之下，他的哥哥在科学界名声并不太大。

1690 年康斯坦丁 · 惠更斯制造了一台口径 19 厘米、长度为 37.5 米的空气镜筒望远镜。这是当时质量最好的一台光学折射望远镜。那个时代，长镜筒形成风气，甚至有人提出要造一台长度 300 米的光学折射望远镜。1691 年，惠更斯利用这架 37.5 米长的光学天文望远镜发现了土星的一个名为大力神的卫星。2004 年欧洲航天局的卡西尼号飞行器发射了一个名为惠更斯的专用探测器，前往土星的大力神卫星进行了探测活动。

天文学家卡西尼和惠更斯处于同一个时代，卡西尼是一名意大利天文学家，他也是长镜筒光学天文望远镜的使用者。1664 年他和英国人胡克同时发现了木星上的大红斑。他还证实了土星和木星都是呈椭球形的行星，它们赤道部分的直径比两极处要大一些。因为这个发现，1669 年卡西尼受到法国邀请去巴黎天文台工作，在法国他所使用的光学望远镜的长度达 41.5 米。1671 年、1672 年和 1684 年他又分别发现了土星的另外四颗卫星。1675 年他发现土星光环上有一条裂缝。

望远镜的这种很长的镜筒对天文观测是一件非常麻烦的事。直到 1722 年，英国的第三任皇家天文学家布拉德利仍然在使用一台长度为 65 米的巨型折射光学天文望远镜。胡克曾经有过一个非常好的想法，就是在物镜和目镜之间增加一组的平面反射镜，使光线来回在反射镜之间反射，这样就可以大大地缩短镜筒的长度。但是在那个时代，平面反射镜的质量很差，表面不平，反射效率很低，远远不能实现这种美好的设想。另外在那个时候，天文学家还认为天文望远镜的分辨能力是由物镜的焦距所决定的。他们以为物镜的焦距越长，所获得的分辨能力就越大，其实这个观点是不正确的。

伽利略望远镜和开普勒望远镜都是目视望远镜。在照相底片发明后，很多光学天文望远镜就不再需要进行目视观测，所以它们的光学系统将不包括目镜部分。它们的分辨特性也不再用放大倍数来描述，而是用分辨率来描述。小口径光学望远镜的分辨率是由望远镜的物镜口径所决定的。物镜口径越大，分辨率越高。不过当光学望远镜口径超过 10 厘米时，光学望远镜的分辨率则是由地球大气扰动斑的大小所决定，几乎和口径大小没有关系。在天文上，地球大气扰动及空气折射率不均匀所形成像斑的大小被称为大气宁静度。地球上不同地点大气宁静度是不同的。所以现代光学天文台在建立以前都要对备选台址进行详细的大气宁静度调查。

早期的观剧望远镜和军用望远镜都是单筒的伽利略望远镜，它们的长度一般比较长。在双筒望远镜中，同样有伽利略望远镜和开普勒望远镜两种。伽利略双筒望远镜放大倍数小，重量轻。而开普勒式的双筒望远镜放大倍数大，开普勒望远镜由于有棱镜转像装置，重量一般比较大。双筒开普勒望远镜中的转像棱镜有普罗棱镜和屋脊棱镜两种。普罗棱镜发明于 1854 年，屋脊棱镜发明于 1880 年。屋脊棱镜比较紧凑。普罗棱镜占用空间较大，它会使望远镜物镜之间的距离增宽，但是它成的像具有较强的立体感。双筒望远镜的放大率和物镜口径常常用两个数字的乘积来表示，前一个数字是望远镜的放大率，后一个数字是物镜口径，口径大小以毫米为单位。

10

牛顿反射光学望远镜

折射光学望远镜的球差可以利用非球面透镜技术来克服，然而色差问题似乎在当时仍然无法解决。正是由于这个原因，反射光学望远镜开始发展起来。青铜合金凸凹反射镜面在中国的出现大概是在公元前 2000 多年以前。中国很多史料中均有关于凸凹青铜镜成像特点的记载。最早的有金属涂层的玻璃镜面出现在公元 1 世纪左右，到了 11 世纪，高质量的玻璃镜面已经在西班牙出现。根据现有文件，英国人伦纳德 · 迪格斯在 1540 年到 1559 年期间首先发明了第一台光学望远镜，这是一架带有目镜的反射光学望远镜。它的光学系统很可能是一个青铜合金主镜倾斜后聚焦在镜筒边缘的偏轴光学系统。这种光学系统后来赫歇尔使用过，所以一般称为赫歇尔焦点系统。

在伽利略制造出折射光学天文望远镜以后，1616 年祖基同样设计了这种焦点位于光路一侧的反射光学望远镜，这种望远镜的目镜不会遮挡光路。1636 年梅森设计了由两个凸凹抛物面反射镜组成的一种无焦系统，即所谓的缩焦器。1663 年格里高利设计了一种特殊的双镜面格里高利反射光学系统（图 27）。这种系统由

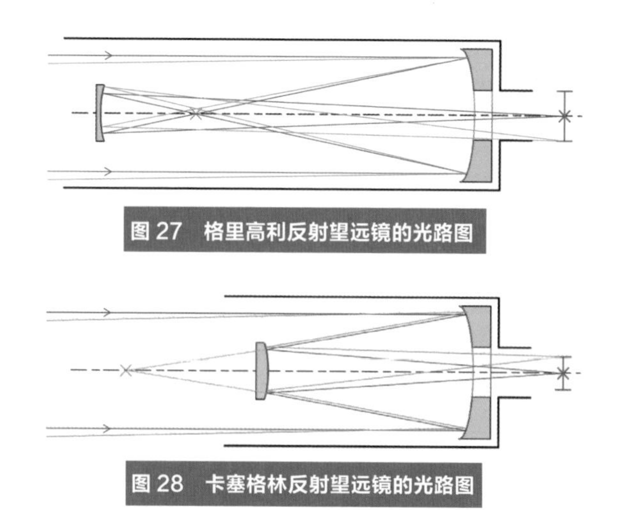
图 27　格里高利反射望远镜的光路图

图 28　卡塞格林反射望远镜的光路图

一面凹抛物面主镜和一面凹椭球面副镜构成。在抛物面的中心有一个通光孔，星光通过抛物面的反射经过焦点进入椭球面，然后经过抛物面中心的孔，在副镜的另一个焦点上成像。这确实是一个很理想的反射光学望远镜的设计，遗憾的是这种抛物面和椭球面在当时均无法加工。这个设计要一直等到很多年以后才得以实现。几乎是同时，1672 年法国一个天主教牧师卡塞格林提出了另一种反射光学望远镜系统。这种系统包括一个凹抛物面主镜和一个凸双曲面副镜。双曲面的一个焦点和抛物面焦点相重合，而另一个焦点则是系统的总焦点。基于同样原因，当时的生产工艺也无法生产出具有双曲面形式的反射镜面。现在这种光学系统已经是光学天文望远镜中应用最广泛的系统，称为卡塞格林系统（图 28）。对于反射光学望远镜，因为光线在镜面上要往返两次通过，所以对反射镜的镜面表面形状的要求要比透镜的更为严格。一般光学反射镜面表面形状问题导致的误差相当于透镜表面误差的 4 倍以上。

1643 年伽利略去世一年以后，牛顿来到人间。牛顿同样是一个多才多艺的科学家，曾经在很多科学领域获得很大成就。牛顿力学的三大定律奠定了经典物理学的力学体系，从而统一了经典物理学。他关于空间和时间的定义，一直流行到爱因斯坦的全新理论出现以后。在光学上牛顿提出了光粒子说的理论，他发现了光的色散，并解释了牛顿环现象。

1666 年英国流行瘟疫，在家乡躲避瘟疫的牛顿获得了几块三棱镜，他在暗室中通过百叶窗上的一个小孔，将太阳光线照射在室内地面上，形成一个明亮的椭圆。

如果将三棱镜插入光路，则太阳白光就会被分解为彩色的红橙黄绿青蓝紫的各色光线。这时如果再用另一个完全相同的三棱镜以相反的方向插入光路，那么分解后的彩色光线又会合成为原来的白光。牛顿深切地了解到白光是由多种彩色的光所组成的，而玻璃对不同颜色的光具有不同的折射能力。从这个实验的结果，牛顿认识到折射光学天文望远镜是很难避免色差的。因此他开始致力于反射光学望远镜的研究，不过在反射光学望远镜上，他并不是一个天才。在他的记录中，他所设计的反射望远镜并不是使用抛物面，而是使用了一个不能成完善点像的球面镜作为主镜，然后在球面镜的焦面上使用了一个尺寸很小的 45 度反射镜，将焦点转移到光路的边缘。当时的镜面研磨技术也决定了牛顿只能加工出一个球面反射镜，而不能加工出抛物面反射镜面。

1671 年牛顿利用沥青作工具，使用氧化锡油灰作磨料，在青铜表面上精心研磨，制成了第一台反射光学望远镜（图 29）。牛顿当年使用的沥青和金属氧化物磨料现在依然是光学镜面磨制的工具和材料。牛顿制造的主镜是一种铜、锡和砷的青铜合金，三种材料之间的重量比分别是 6：2：1。他制造的第一台反射光学望远镜镜筒长 15 厘米，直径 2.5 厘米，具有 40 倍的放大率。相对于镜筒非常长的早期折射光学望远镜，这台反射光学望远镜样机结构显得非常紧凑。这台望远镜就是世界上公认的第一台反射光学望远镜。实际上这是一台完全不合格的光学望远镜，它的像存在十分严重的球差。

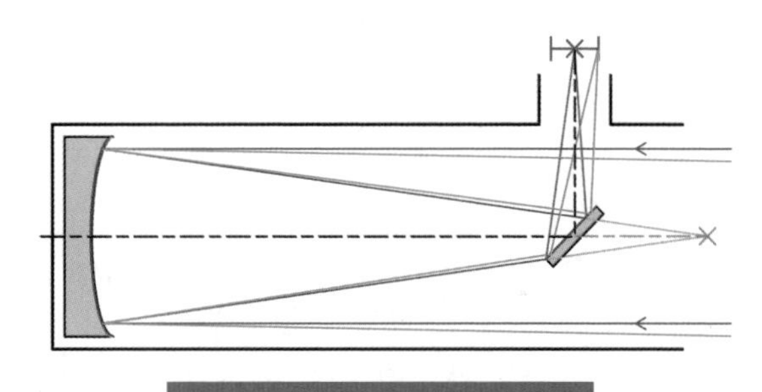

图 29　牛顿反射望远镜的光路图

当年牛顿在皇家天文学会上展示了这台望远镜，但是皇家协会对这台望远镜的光学性能并没有进行评判。后来牛顿又制造出第二台 5 厘米口径的望远镜。他将这台口径稍大的反射望远镜赠送给英国皇家协会保存，现在它已经是一台价值连城的稀世珍宝（图 30）。

图 30 牛顿制造的一台反射望远镜

牛顿误打误撞，发明了一台错误的反射光学望远镜，经过后来人们的修改，主镜变成了一个抛物面，并且被误称为牛顿光学系统，流传至今。实际上，这种单抛物面主镜的反射光学系统应该被称为“哈德利光学系统”。1721 年光学专家哈德利真正解决了抛物面镜面的检测问题，磨制出了质量优良的、真正的抛物面主反射镜，制造出了第一台合格的反射光学望远镜。

牛顿制造反射望远镜时，皇家协会主席是多才多艺的力学家胡克。胡克同时是显微镜方面的专家，是非均匀介质光学和变折射率光学的奠基人。他解释了透过大气观测到的恒星的像的闪烁现象，对流体的对流、湍流和漩涡的现象有非常深入的研究。他的贡献分布在物理学、化学、大气科学、地理学和生物学等多种学科。

1663 年格里高利设计了反射式格里高利系统。1673 年胡克也制造出了一台 13 厘米口径的格里高利反射光学望远镜样机。据说胡克曾经用这台反射望远镜观测过火星的自转和木星的大红斑等天文现象。

反射光学望远镜的出现将望远镜镜筒的尺寸一下子压缩到近一百分之一。折射光学望远镜似乎要退出舞台。不过早期的反射光学望远镜也存在很多问题和困难。首先，当时能够用于望远镜镜面的合金质量差，反射率很低。牛顿所制造的望远镜青铜合金镜面反射率只有 16%。同时青铜镜面在空气中会被氧化，所以镜面每隔一段时间就要重新进行抛光。另外透镜所要求的球面形状比较容易制造，而理想的反射光学镜面形状全部是很难加工的非球面，如抛物面、双曲面或者椭球面等等。反射镜中光线两次通过反射面，所以对镜面形状的要求也要比折射透镜的要高很多。在牛顿的望远镜样机出现以后相当长的一段时期内，长镜筒折射光学天文望远镜仍然是天文观测最主要的工具。牛顿制造了反射光学望远镜，所以他更竭力反对折射光学望远镜的使用。1672 年牛顿在评论折射光学望远镜时武断地宣布使折射光学望远镜消除色差是绝对不可能的。

天文光学望远镜的出现极大地推动了天文学的研究，而欧洲航海业的发展也需要建立专业的、有官方背景的天文观测机构。很快第一批欧洲国家的官方天文台相继建立。1665 年法国国家天文台——巴黎天文台建立。1675 年著名的英国格林尼治天文台在伦敦郊区建立。当时的郊区现在已经是热闹的市区。1711 年德国建立柏林天文台。官方天文台的建立逐步使西方国家在天文学领域形成一种新的国际秩序。1850 年英国格林尼治天文台所在地的经线被定义为零度经线。1875 年法国推出了重要的国际单位制基本长度——米。它的长度等于一根经线从南极到北极长度的千万分之一。

经过近 300 年的运行，因为伦敦市区天空背景光太强，不适合天文观测，英国格林尼治天文台于 1960 年搬迁到南部农村的赫斯特蒙苏城堡。1998 年，一台口径 4.2 米的赫歇尔光学望远镜在格林尼治天文台的主持下建成。由于经费困难的原因，这个历史悠久、名声赫赫的皇家格林尼治天文台终于结束了它的历史使命，正式关闭。如今只有在伦敦郊区原址的博物馆内仍然记录着这个具有悠久历史的天文台的是非成败。

11

消色差透镜的诞生

在人类历史上，只有十分自信的人才能获得非常高的地位。当这些人有了地位以后，很多其他人的功劳和成绩也往往都会添加到他们身上。这是一种流行的社会现象，它反过来助长了一些名人的武断和极端。英国皇家协会主席、物理学家胡克就曾利用他主席的身份压制过青年时代的牛顿。而当牛顿当权以后，胡克的肖像就莫名其妙地失踪，取而代之的是牛顿自己的肖像。牛顿曾经利用匿名审稿的方法，将他的同行莱布尼兹打压下去。当时皇家协会发表的一份匿名审稿报告，报告宣称牛顿不仅是最早研究微积分的人，而且牛顿采用的方法要比莱布尼兹的方法更加高明、更加准确、更加实用。皇家协会是一个十分权威的机构，这份文件令莱布尼兹无地自容。后人发现，那位匿名审稿人就是牛顿！牛顿制造了反射光学望远镜的样机，但是他对卡塞格林的光学设计却横加指责，他说："这种设计没有任何优点，相反缺点很多，而且不可能克服，所以它不会得到任何实际应用。"在色差问题上，牛顿同样表现出他的武断。1672 年牛顿断定"进一步改进折射望远镜的色差是绝不可能的"。后来赫胥黎曾经这样评价牛顿："牛顿作为巨人无与伦比，而作为凡人无甚可取。”

在色差问题上，牛顿忽视了一个非常重要的现象，这就是不同玻璃材料具有不同的折射率和不同的色散本领。利用不同玻璃材料的组合，就可以补偿玻璃材料对于不同颜色光所产生的色散问题。

凸透镜可以使光线会聚，凹透镜可以使光线发散。如果将凸透镜和凹透镜结合在一起，它们的发散能力和会聚能力就会部分或全部抵消，从而获得一个焦距为零或者焦距很小的透镜。同样凹凸透镜的色散能力也会部分抵消。这样如果需要制造一个没有色差并且具有一定焦距的凸透镜，可以先使用一种色散本领小的玻璃材料，制造一个焦距非常小的凸透镜。然后再使用色散本领大的玻璃材料制造一个焦距比较小的凹透镜。将这两个透镜适当地进行调整，就可以获得一个完全消色差的、具有一定焦距并且各种颜色光会聚在同一个焦点的透镜组。在当时的玻璃材料中，折射率较低的玻璃是冕牌玻璃，它的色散能力也小；而火石玻璃的折射率较大，它的色散能力也较大。

这种消色差透镜的设计方法首先是英国伦敦的一个律师和数学家霍尔在 1729 年发现的。这时距离牛顿作出错误论断不过 47 年。霍尔既不是天文学家，也不是光学专家，他研究这个问题仅仅是出于一种爱好。很快他就设计出了这种复合式消色差透镜组（图 31）。这种消色差透镜由两片不同玻璃形成，它可以将两种不同颜色的光真正聚焦在同一个焦点上。而其余颜色的光所产生的误差也不是很大。

图 31 消色差透镜组的原理

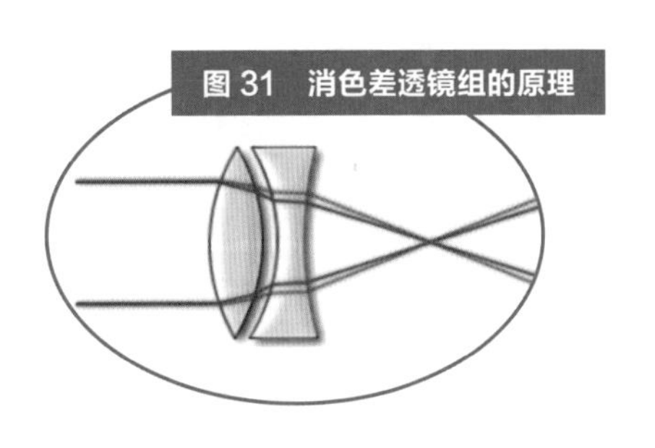

为了防止别人获得这个消色差透镜的制造方法，霍尔把这个复合透镜的两部分—— 一个是色散小的冕牌玻璃的正透镜，另一个是色散大的火石玻璃的负透镜——分别委托伦敦两个不同的光学公司去加工。这样每一个公司都不会知道他所

需要的最终产品。然而非常不巧，他所委托的这两个光学公司都是典型的“皮包公司”，他们本身并不生产和加工透镜，而是转手将任务承包给别的公司生产。偶然地，这两家公司都将他们的透镜生意重新转包到了同一个光学加工公司。所以这个公司的老板巴斯很快就知道了这个设计的秘密，并且将这个秘密传播到了当时伦敦市的光学界。1733 年霍尔制造出世界上第一台口径 6.4 厘米消色差折射光学望远镜。

二十几年后，一个叫多隆德的光学技师申请了同样的消色差透镜的专利。关于霍尔的设计是如何传播到多隆德那里的，流传有两种说法。其中一个说法是一位叫鲁的人在 1755 年将这个信息告诉了多隆德。另一个说法是多隆德接到了一个眼镜订单，他找到巴斯，在巴斯那里他选择使用火石玻璃的凹透镜。当时巴斯告诉他，用火石材料制造凹透镜会有较多的色差条纹，使用冕牌玻璃要好一些。同时巴斯也告诉了多隆德关于霍尔的镜片订单的事情。多隆德非常聪明，他不但立即就懂得了这种消色差方法，而且还使用同一个球面将组合透镜连接在一起，制成可以同时消除球差的透镜组。

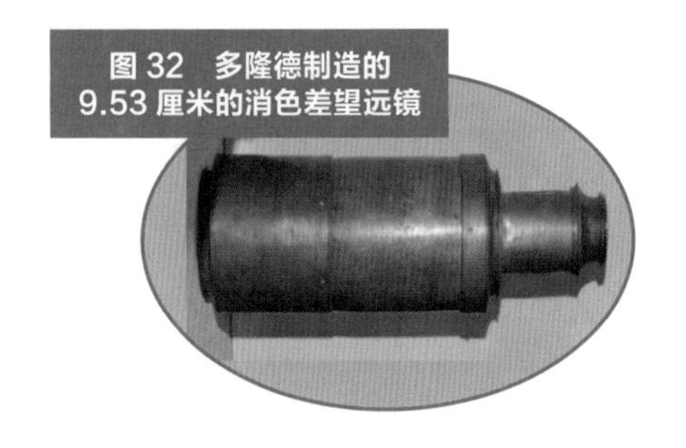
图 32　多隆德制造的 9.53 厘米的消色差望远镜

1757 年多隆德将消色差透镜申请了专利，1758 年他又在皇家协会宣读并发表了关于消色差透镜的论文。1763 年他制造了一台口径 9.53 厘米的消色差折射光学望远镜（图 32）。三年后他去世时，因为这个发明获得大奖，并成为皇家协会会员。之后很长时间，人们一直误认为是他首先发明了消色差透镜的方法。多隆德因此发展了他的家族光学事业，成立了光学透镜加工的家族公司。

不过很快，1776 年他的儿子皮特就遭到了 35 个光学专家的联名起诉。他们认为消色差透镜的真正发明者是霍尔。多隆德家族输掉了这场专利官司。不过在 1775 年，皮特 · 多隆德真的发明了一种由两个双凹镜和一个双凸镜所组成的三明治式的复消色差透镜（图 33）。这种复合透镜组可以使三种不同颜色的光真正会聚在同一个焦点上，比一般的消色差透镜的性能更好。这样其余颜色的光所产生的误差就更小了。这种消色差透镜组被称为复消色差透镜组。

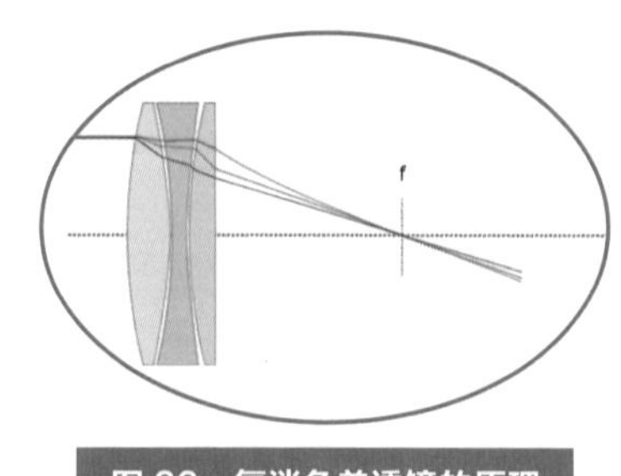

图 33　复消色差透镜的原理

消色差透镜的发明和应用极大地缩短了折射光学望远镜的长度，大大改善了折射光学望远镜的使用性能，使得折射光学望远镜重现繁荣。不管是霍尔还是多隆德生产的消色差折射望远镜，它们的镜筒都非常短，光学性能均非常优秀。

当时折射光学望远镜的发展还存在另一个重大的困难，这就是透镜镜坯尺寸限制的问题。当时十分缺少大尺寸的、没有杂质的、性质十分均匀的玻璃材料，使得天文学家还不能获得他们所希望的大口径折射光学望远镜的物镜。

12 从哈德利到赫歇尔

由于不能制造口径比较大、材质透明、折射率均匀一致、没有气泡、没有杂质的玻璃毛坯，折射光学望远镜的进一步发展受到严重限制。很多光学专家均纷纷转向反射光学望远镜的制造。

1719 年，37 岁的英国数学家哈德利完全掌握了浇铸合金镜面磨制抛物面面型的技术，当时他的光学加工技术比伦敦城内的任何一个光学专家都要好。到 1726 年，他终于建成了两台口径 15 厘米的牛顿反射光学望远镜和一台口径 15 厘米的格里高利反射光学望远镜（图 34），这可能是世界上第一台真正使用抛物面反射镜的反射光学望远镜。他将其中的一台镜筒长度 1.8 米的牛顿式反

图 34　哈德利制造的 15 厘米反射望远镜

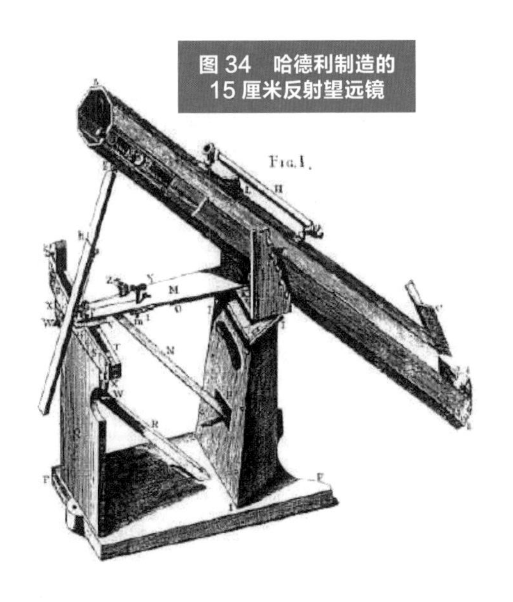

射光学望远镜展示给皇家协会，经过皇家天文学家和牛津大学天文教授的联合鉴定，这台望远镜的成像性能和惠更斯在 1690 年制造的口径 19 厘米、长度近 37.5 米的折射光学望远镜的性能非常相似，甚至更好。这台反射光学望远镜的球差非常小。短小精悍的反射式望远镜相比于长镜筒的折射光学望远镜有着无可比拟的便于操作的优点。同时短小的反射光学望远镜镜筒可以用金属筒包封起来，在黄昏的时候就可以开始使用。而开放式的长镜筒折射望远镜则受到天空杂散光的影响，必须在天空完全暗黑以后才能开始使用。

哈德利的这台反射光学望远镜对望远镜制造的最大贡献不仅仅是磨制了这面抛物面主镜面，更重要的是设计了一个很好的光学检验装置。他在检验过程中，在主镜上方的曲率中心（就是顶点附近的小球面的球心）附近放置了一块不透明的挡板。主镜面中心的曲率半径是镜面焦距的两倍。在挡板上有一个经过照明的小孔，这样就可以形成一个点光源。通过这些小孔的光在镜面反射以后同样会聚在曲率中心的附近，形成一个弥散的图像。

通过研究这个弥散像的形状分布就可以来确定反射面的面型形状。如果在光线会聚到一点之前，影像的形状不是对称的圆形，而是正方形或者三角形，那么这个的反射镜面形状就不是轴对称的。如果在反射光汇聚焦点之前，光斑中有一圈明亮的外环，中心部分比较暗，而在聚焦点之后就反过来，那么镜面的边缘的曲率就太大了，而中心部分的曲率就太小了，即中心部分太平坦了。相反的情况就是边缘太平坦，而中心太弯曲了。这时，这些有问题的地方就需要重新进行修磨，以实现真正的抛物面镜面形状。他的这种光学检验方法和现在所用的刀口检验方法十分相似，这种抛物面检验方法很快就传播给英国光学界。

哈德利在历史上第一次真正制造了一台包括椭球镜面的格里高利反射光学望远镜。因为具有杰出的望远镜加工才能，哈德利于 1728 年当选为英国皇家协会副主席。1731 年哈德利和美国的戈弗雷分别独立地发明了航海用的六分仪。哈德利的哥哥还是第一个解释地球季风成因的大气理论方面的科学家。哈德利同时是苏格兰光学专家肖特的好朋友。

1740 年光学专家肖特发展出了一套更加标准、更加规范的磨制抛物面镜面的方法。肖特本人原来是一位数学家，后来成为专业的望远镜制造商。他大批量地制造口径从 38 厘米到 50 厘米的各种各样的反射光学望远镜。其中主要是格里高利反射光学望远镜。他磨制镜面的材料主要是非常硬而脆的铜锡合金。他曾经生产过 6 台使用等厚玻璃并在玻璃反面镀银作为主镜的格里高利反射望远镜。

不过在当时，大口径反射光学望远镜常常会成为富有人家的收藏品。现在留存在世的肖特所制造的反射光学望远镜依然具有很好的光学成像质量。在他去世时，他的财富总量高达 2.5 万英镑。

在天文光学望远镜的发展历史中，威廉·赫歇尔（1738—1822）是一个举足轻重的人物。他是第一个建造口径超过 1 米的反射光学望远镜的天文学家。赫歇尔原来是德国人，后来长期在英国生活。他是一个音乐家，熟悉五线谱，对数学、光学和天文学都有相当的兴趣。为了逃避战争，1757 年他偷渡来到英国，开始在利兹，后来在巴斯定居。1766 年他已经是当地有名的风琴手和音乐教师，他指导的学生多达 35 人。有一次他在朋友家遇到了当时的皇家天文学家，这个事件使他对天文学的兴趣大大增加。由于天文望远镜在当时并不是商品，所以他就开始自己制造光学天文望远镜。

赫歇尔最初是从折射光学天文望远镜开始的。经过一个阶段以后，玻璃材料尺寸的限制使折射光学望远镜的口径不可能很大。为了追求更强的集光能力，他很快转向了反射光学天文望远镜的制造。赫歇尔一生总共制造了大大小小近 400 台各种各样的光学天文望远镜。

赫歇尔经常一天工作 16 小时，他的工作效率很高，自己浇铸合金镜坯，自己磨制镜面。经过多次试验，他获得了反射率近 60% 的特殊青铜合金。1774 年赫歇尔完成了一台口径 16 厘米、焦距 2.1 米的牛顿式反射望远镜。这台望远镜具有相当高的分辨本领。利用这台望远镜，他研究了双星问题、恒星的自行和岁差。所谓自行，就是恒星在一年内沿着垂直于视线方向所移动的角度距离。所谓岁差，就是因为地球自转轴的摆动所引起的恒星视位置随着季节的微小变化。由于他自己制造的牛顿式反射光学望远镜像质不够理想，赫歇尔果断地去掉了望远镜中的 45 度角的平面小反射镜，直接将主镜稍微倾斜使得它的焦点正好落在镜筒边缘，形成了一个独特的偏轴的无遮挡系统。这种光学系统也常被称为赫歇尔光学系统。

赫歇尔利用这台反射光学望远镜观测并记录了 800 多颗双星和 2500 个星云。1781 年 3 月 13 日他利用这台口径很小的反射望远镜，发现了一颗类似彗星的天体，不过他经过仔细观察，发现它并不是彗星，而实际是一颗当时未知的行星。原来这就是当时在太阳系中没有被发现的行星——天王星。这是天文学家利用天文光学望远镜第一次发现一颗新的行星。

天王星和别的行星不同，别的行星的自转轴总是和它的黄道面相垂直，而天王星的自转轴基本上平行于黄道面，所以它的极区正对着太阳。天王星和太阳之间的距离大约是土星和太阳之间距离的两倍以上，所以太阳系的范围一下子就扩大了一倍。

天王星的发现轰动了整个英国，赫歇尔将这颗新行星命名为“乔治行星”，不过后来德国天文学家建议继续使用古希腊神话中天神的名字。实际上，第一个看到天王星的并不是赫歇尔。90 年以前的 1690 年，英国首任皇家天文学家弗拉姆斯蒂德就曾经在那一年中至少看到了这颗行星 6 次。但是他把它误认为一颗恒星，并为它编了号码。另一位法国天文学家也曾经在 1750 年到 1769 年之间观测到过天王星。

乔治行星的发现引起了狂热爱好天文学的英国国王乔治三世的注意，乔治三世赦免了赫歇尔当年擅自逃离军队的过错，并且从 1782 年起聘请他为国王天文学家。

他获得了年薪 200 英镑的高薪，同时国王还给他封了爵。这个事件使他有了足够的财力来专门进行光学天文望远镜的研制工作。在天文界，他于当年 12 月 7 日被推举为英国皇家协会会员，获得了科普利奖章。在皇家协会的会议中，他获得了一本新星和星团的目录，所以他的天文观测重点开始转向新星和星团方面。

图 35 口径 47 厘米，焦距 6.1 米的反射望远镜

1783 年，赫歇尔又完成了两台口径更大的反射光学望远镜。其中一台口径 30 厘米；另一台口径 47 厘米，焦距为 6.1 米（图 35）。同时他又制定了制造口径 70 厘米、焦距 9.2 米反射光学望远镜的计划。随着光学望远镜口径的不断增大，望远镜的造价几乎成三次方地增长。尽管有 200 英镑的年薪，他仍然发现自己的财力并不能够支持这样一个大型光学天文望远镜的建造工程。

图 36 口径 1.22 米，焦距 12 米的反射望远镜

1787 年赫歇尔又一次提出要制造世界上口径最大的 1.22 米反射光学望远镜，不过这次望远镜计划获得了英王乔治三世的大力支持。英王专门为此拨款 2000 英镑。加上第二年赫歇尔和一位十分有钱的寡妇结婚，使得他终于有足够的资金来进行这项当时世界第一的大口径光学望远镜工程。

1789 年，赫歇尔终于完成了这台口径 1.22 米、焦距 12 米（40 英尺）的巨型反射光学天文望远镜（图 36）。这台望远镜常常被称为“40 英尺望远镜”，是当时世界上口径最大的反射光学望远镜。在制造过程中，最多的时候有 40 个工人同时进行工作。这台光学望远镜的外形像一门大炮，所以也被称为“赫歇尔大炮”。它本身太笨重，以致根本不能跟踪天体的运动。它只能指向南方，固定在一个高度角上，等待星光来穿越整个视场。

在这台 1.22 米口径光学望远镜制成以后，赫歇尔在这台望远镜上成功地应用口径遮挡方法获得了比全口径观测还要高的角分辨率。这实际是应用现代光学干涉方法获得高分辨率星像的最早试验。这个试验在高分辨率天文观测中，具有十分重要的意义。

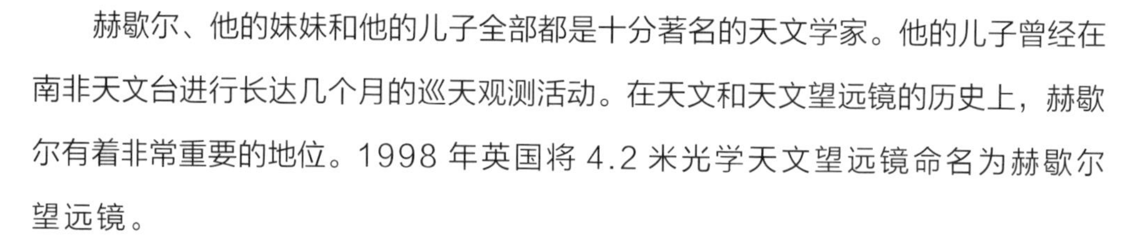

图 37　还原赫歇尔发现红外线的实验

1800 年，赫歇尔又一次震动了物理学界，他应用三个温度计和分光三棱镜发现了在可见光红光区域以外存在着不可见的红外线辐射（图 37）。

赫歇尔、他的妹妹和他的儿子全部都是十分著名的天文学家。他的儿子曾经在南非天文台进行长达几个月的巡天观测活动。在天文和天文望远镜的历史上，赫歇尔有着非常重要的地位。1998 年英国将 4.2 米光学天文望远镜命名为赫歇尔望远镜。

13

罗斯城堡望远镜

图 38　内史密斯望远镜的支撑形式

经典的光学天文望远镜一般均采用赤道式的支撑装置。1821 年拉塞尔发明了望远镜的赤道式支撑装置。这种装置的发明将在下一小节介绍。在这种装置中，望远镜的一根转动轴和地球的南北极轴线平行，所以极轴的匀速转动正好补偿了地球的自转运动。然而在这种支撑中，观测者的眼睛在观测中需要不断地调整位置，以适应望远镜对天体的跟踪运动。1845 年英国工程师内史密斯发明了一个焦点位置不随光学望远镜的指向变化的光学系统。这个焦点系统就是内史密斯系统。这是一个地平式支架的标准结构，它的固定焦点位于镜筒的外侧，处于高度轴线的延长线上（图 38）。

在地平式系统中，望远镜包括两个旋转轴：一个是在水平面上旋转的地平轴，另一个是在高度方向上下转动的高度轴。如果在镜筒轴线和高度轴线的交点上放置一面小的 45 度平面反射镜，经过它的反射，望远镜的焦点可以安排在镜筒外侧的高度轴线上。这样天文学家可以坐在一个随着望远镜在地平方向上转动的椅子上不间断地进行天体观测，而望远镜焦点上的星像不会产生任何的位置移动。这种地平式支撑设计是一个十分超前的思想，因为它的两个转轴没有一个和地球的自转轴平行，所以很难对天体进行跟踪。不过现在这种地平装置被成功地应用于计算机控制的现代大口径天文光学望远镜的支撑结构上，成为现代光学天文望远镜的标准支撑形式。

在早期大口径反射光学望远镜的发展过程中，下一个青铜合金镜面的大口径反射光学望远镜是一个叫帕森斯的爱尔兰富豪制造成功的。1822 年，贵族出身的他从牛津大学毕业，然后在英国一个县城的议院任职 12 年。由于他继承了父亲的贵族头衔，1841 年被封为罗斯伯爵三世，1845 年他又在上院取得席位。在所有的天文学家中，像他这样的门第和名望是十分罕见的。

帕森斯本人拥有足够的金钱、足够的时间、足够的场所和足够的人力，所以他最大的兴趣就是要在自己的布尔领地制造出一台世界上口径最大的反射光学天文望远镜。他克服了青铜合金浇铸特大口径镜坯的困难，先使用小的合金镜块，将它们一个个铆接在一起，然后再进行焊接，最后在表面镀上锡，再进行镜面抛光。

图 39　0.91 米和 1.8 米罗斯望远镜

帕森斯先后制造了口径 38 厘米、61 厘米和 91 厘米的反射光学望远镜（图 39）。从 1842 年到 1845 年，他又完成了一台前所未有的口径 1.83 米、镜筒长度 16 米的特大口径的反射光学天文望远镜（图 40）。这台望远镜的主镜厚度 13 厘米，仅镜面重量就达到 3 吨。整个望远镜的长度为 21 米，在当时是一台真正的巨无霸光学天文望远镜。

图 40　1.83 米罗斯反射光学望远镜

帕森斯不赞成赫歇尔的利用倾斜镜面来改变焦点位置的方法。他认为观测者在镜筒边缘上的观测会引起镜筒口面上空气温度的差异。这种温度差异所引起的气流会直接影响望远镜的成像质量，所以他仍然采用牛顿式望远镜的光学系统。

如果说赫歇尔的 1.22 米光学望远镜就像一门大炮，那么罗斯 1.83 米特大口径光学望远镜则是一个名副其实的城堡。这台望远镜非常笨重，不得已它只能是一个中天仪器。它的镜筒只能在南北方向上升高和降低，而在方位角上的调整范围十分有限。从 1845 年到 1917 年，在 2.54 米胡克光学反射望远镜建成以前近 70 年的时间内，1.83 米口径罗斯光学望远镜一直是世界上口径最大的天文光学望远镜。这台巨型光学望远镜的总造价达 3 万英镑。

不过这台光学望远镜的所在地是英国的北爱尔兰地区，这里天气十分阴湿，晴朗夜晚很少，根本不适宜于天文观测。这台大口径光学望远镜的作用受到很大限制。1845 年罗斯三世成为皇家协会的主席。他除了制造光学望远镜外，还坚持进行天文观测，发现并记录了很多星云，并观测到了河外星系的螺旋形特征。他命名了十分著名的蟹状星云。在望远镜镜面制造方面，他也是拼合镜面的首位尝试者。1828 年罗斯制造了有史以来第一个拼合镜面，该镜面包括了一个可以轴向移动的 7.5 厘米的中心圆镜面以及一个位于边缘处的宽度 3.75 厘米的圆环形镜面。他将两块子镜面结合在一起，磨制成一个球面，然后调整位于中心的小镜面的位置来优化整个镜面的像质。通过使用这种主动控制的方法，他可以将拼合镜面的球差量减少到 50%。

1867 年罗斯伯爵三世去世，罗斯伯爵四世仍然一直使用这台光学望远镜。1904 年罗斯伯爵四世去世，之后这台巨型天文望远镜就一直闲置着，没有任何人来使用，望远镜的结构也遭到了严重破坏。1914 年望远镜的主镜和镜室被转移到伦敦科学博物馆。90 年之后，曾经的世界第一的大口径望远镜成为促进当地旅游业发展的一个重要资源。1994 到 1997 年期间，这台巨型光学望远镜被按照原貌进行了全尺寸的复制，复制后的望远镜和历史上的照片十分相似（图 41）。现在望远镜的主镜镜面已经不是原来的青铜合金镜面，而是一块铝制的代替镜面。由于这台有历史意义的望远镜的存在，前来比尔城堡参观游览的人络绎不绝。

图 41　1997 年新复制的罗斯望远镜

14 拉塞尔和赤道式望远镜支撑

英国的海外殖民及工业革命为这个国家带来了大量财富，整个英国不断出现非常有钱的制造光学天文望远镜的重要人物。拉塞尔 (1799—1880) 是又一个十分富有的天文望远镜专家。他出身于一个钟表制造商家庭，很小就是一名非常有名的业余天文学家和光学天文望远镜的制造者。到 21 岁时，他已经制造了两台 18 厘米口径的反射光学望远镜：一台为牛顿式光学系统，另一台为格里高利光学系统。很快，他就拥有了一个私人光学天文台。

拉塞尔的夫人原是利物浦的一名寡妇，她继承了她死去丈夫的大型酿酒厂的全部财产。所以拉塞尔结婚以后变得更加有钱，也自动地成为酿酒厂的老板。他衣食无忧，于是便全力以赴地从事他所钟情的光学天文望远镜的制造事业。

拉塞尔是赤道式光学望远镜支撑系统和摇板式镜面支撑的发明者。1821 年他 22 岁时，完成了一台口径 22 厘米的反射光学望远镜。正是在这台天文望远镜中，他第一次使用了自己所发明的赤道式支撑系统。1832 年他又发明了至今仍然在使用的摇板式镜面支撑系统。

在赤道式支撑系统中，望远镜有一个平行于地球自转轴的极轴，通过这根极轴的匀速运动，望远镜可以很容易并且非常精确地同步跟踪天空中的天体目标，而不需要两个转动轴的配合运动。极轴又称为赤经轴，望远镜的另一根轴是赤纬轴，它垂直于极轴。在没有计算机进行转动速度控制的时代，赤道式望远镜支撑系统有着无与伦比的优越性。在拉塞尔以后，直到 1960 年代，几乎所有经典光学天文望远镜均无一例外地采用了赤道式的支撑系统。

拉塞尔 1832 年所发明的摇板支撑是这样的：在光学镜面的下面，利用三个固定点，各支撑一块等边三角形平板的中心。而三个三角形的 9 个顶点则均匀地支撑在镜面的背面。这种支撑形式对于中等口径的望远镜非常实用，它可以形成 27 点或者更多点的镜面支撑结构，减少了镜面的绝对形变量。几乎是同一个时期，英国望远镜专家格拉布在 1835 年也独立地发明了浮动式的镜面杠杆平衡重支撑结构。使用这种结构，镜室本身的变形将不会影响镜面的表面形状。

1839 年拉塞尔在皇家天文学会上报告了他所发明的望远镜和镜面的这两个支撑系统。他也在望远镜结构中采用了稳定性很好的铸铁基墩和铸铁镜筒部件，整个望远镜都支撑在十分稳定的铸铁箱体之上。在望远镜的移动部件中，全部都采用了当时已经发明的滚珠轴承。由于望远镜平衡得很好，所以整个望远镜转动得非常平稳，只要用手指轻轻一推，望远镜就可以指向天空的任意一个方向。他的这台 0.22 米反射光学望远镜筒部分重 2 吨，它的两个机座重 6 吨。

1845 年拉塞尔又制造了一台口径 0.6 米的反射光学天文望远镜（图 42）。这台望远镜同样采用赤道式支撑系统。为了磨制镜面，他还专门制造了一台由蒸汽机带动的专用磨镜

图 42　拉塞尔的 60 厘米赤道式反射望远镜

图 43　拉塞尔的 1.22 米赤道式反射望远镜

图 44　1.22 米大墨尔本反射望远镜，以及它的青铜合金镜面在 1866 年浇铸的情景

机，这可能是第一台专业的光学磨镜机。1855 年赤道式支撑系统又一次被应用于他的另一台 1.22 米大口径反射光学望远镜中，从此经典光学天文望远镜的结构形式就基本固定下来。

经典光学反射望远镜一般有着厚重的主镜面、坚固的镜筒和比较大的焦比，常常利用精密的蜗轮来进行极轴驱动，它们的共同特点是使用赤道式支撑系统。

这台 1.22 米的反射光学望远镜（图 43）和 1878 年澳大利亚的 1.22 米大墨尔本反射光学望远镜（图 44）是采用青铜合金镜面的最后两台光学望远镜，之后生产的反射光学望远镜几乎全部采用了新的玻璃镜面材料。

同样为了促进旅游业的需要，现在拉塞尔的 1.22 米反射光学望远镜也全部重新复制成功，布置在利物浦科学博物馆中对外展览。而拉塞尔的 60 厘米的光学反射望远镜的青铜合金镜面也保存在英国利物浦科学博物馆内。

到拉塞尔时代，城市人口增加，天文台台址的选择问题也开始提上议事日程。英国地势很低，可用于天文观测的晴天数很少，气候非常潮湿，不适宜于光学天文观测。经过几年观测以后，1852 年拉塞尔就将 0.6 米反射光学天文望远镜转移到了天气比较好，空气干燥，人口数量少，人造灯光影响小的马耳他岛上。后来 1.22 米反射光学天文望远镜也同样搬到了这座小岛上使用。由于海岛上空的云层厚，所以大气扰动对天文观测的影响仍然很大。后来的光学天文台又渐渐地开始向人烟更为稀少的、海拔比较高的山顶上转移。现在世界上最好的、最重要的光学天文台都集中在大洋东部海岸上的高山顶上。这些天文台台址上大气洋流十分平稳，大气层非常稀薄，由于大气扰动所产生的大气宁静度影响很小，所以可以获得质量很高的优秀星像。在拉塞尔以后，1824 年夫琅和费也将赤道式的支撑形式应用到他所制造的折射光学天文望远镜之中，这时的折射光学天文望远镜也获得了迅速发展。

1856 年，德国化学家尤斯图斯 · 冯 · 李比希发明了利用化学方法在玻璃材料上镀银的技术，他所使用的是一种包括硝酸银、苛性钾、氨和葡萄糖的溶液。利用这种镀银方法制作的镜面重量轻，不容易损坏，反射率高，很容易操作和保养。新鲜的镀银面具有非常高（95%）的可见光反射率。玻璃材料的比重仅仅是青铜材料的三分之一，而且玻璃材料容易抛光，可以反复进行镀银。所有这些原因使玻璃镜面开始全面代替传统的青铜合金镜面。光学专家傅科最早将这种方法应用于天文望远镜的镜面上。1864 年，德雷珀的一本关于镀银镜面制造的教科书正式出版。

由于玻璃镀银镜面的推广，1869 年制造的 1.22 米墨尔本反射望远镜（图 44）的主镜成为青铜合金镜面中的最后一面。早期玻璃反射镜面使用的是膨胀系数大的冕牌玻璃材料，之后才发展了热膨胀率较小的硼玻璃材料和其他特殊的玻璃材料。

光学天文望远镜所采用的赤道式支撑有多种形式。考虑结构对称性可以分为对称式和非对称式两种（图 45）。小口径的光学天文望远镜一般采用了非对称的赤道式支撑形式（图 45(a)）。非对称装置又再细分为德国式的和英国式两类。德国式的采用了悬臂梁式的极轴结构，整个极轴的支撑轴承位于极轴的一侧。大部分极轴、赤纬轴和镜筒悬挂于极轴的一端。赤纬轴位于悬臂梁的前端，望远镜镜筒在悬臂梁的一侧，镜筒的平衡重则位于悬臂梁的另一侧。这种装置适宜于口径小、重量轻的光学天文望远镜。

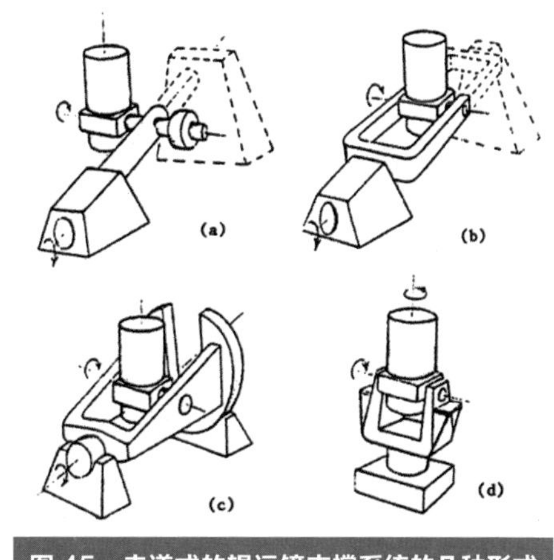

图 45　赤道式的望远镜支撑系统的几种形式

当光学望远镜的口径和重量增加了以后，悬臂梁的结构就会有较大变形，这时就可以使用英国式的支撑装置（见图 45(a) 中实线和虚线组成的结构）。在这种装置中，支撑赤纬轴和镜筒重量的极轴不再是悬臂梁结构，在极轴的前端增加了另一个极轴轴承，而赤纬轴和镜筒就安置在两个极轴轴承的中部。这时由于赤纬轴的重量通过两个极轴轴承分担，所以这种支撑可以用于口径较大的光学天文望远镜。

对称的赤道式支撑形式是在望远镜口径不断增大以后发展起来的。这时望远镜镜筒重量的增加已经使得将镜筒放置在极轴一侧的方法难以实现。所以在德国式的支撑形式上，将单独的悬臂梁改变成一个叉子的形式，使望远镜的镜筒安置在两个叉臂的中间。这就是对称式中的叉式支撑结构（图 45(b)）。如果望远镜的口径再增大，则可以按照英国式结构在叉子的前面再增加另一个极轴轴承，使得望远镜的镜筒位于一个长方形的框架之中，这就是对称式中的轭式结构（图 45(b) 中实线和虚线组成的部分）。

当赤道式光学天文望远镜发展到它的尺寸极限的时候，叉式和轭式的结构都显得不够坚固，不能支撑巨大的镜筒重量，这时在望远镜极轴前端的轴承可以加大而直接放置在镜筒下方，使这个极轴上的前轴承变成一个马蹄形状，这就是赤道装置中的马蹄式支撑（图 45(c)）。

如果将叉式望远镜中的极轴改变成垂直于地面的方向，这就形成了现代光学天文望远镜所使用的地平式支撑装置（图 45(d)）。这时望远镜就可以沿着地平和高度两个转动轴进行运动，这种支撑装置的力学性能非常优秀。现代的大口径光学天文望远镜全部采用这种支撑系统。不过这种地平式望远镜对天体的跟踪需要使用现代计算机来同时控制两个轴进行复杂的运动。

15

刀口检验和海王星的发现

19 世纪是光学天文望远镜发展的一个重要时期。1858 年法国物理学家傅科（1819—1868）发明了一种新的用刀口检验镜面表面形状的方法（图 46）。

傅科刀口检验方法是在哈德利光学检验方法基础上发展起来的，是光学阴影学科的一部分。具体做法是：在镜面曲率中心的一侧放置一个点光源，刀口检验在曲率中心另一侧的对称点上进行。如果镜面是一个球面，当刀口刚接触到曲率中心另一侧的像点时，镜面影子将是均匀的半个明亮，半个暗淡的圆面形状。而当镜面是抛物面时，镜面则会呈现明亮和阴暗的两半个面包圈的形状。如果刀口分别在曲率中心像点的前方和后方，镜面影像中的明暗部分则会发生切换。

刀口与光束会聚点的相对位置及刀口横向移动时阴影图的变化规律可以概括为以下三条：

1. 在阴影图中，某区域的移动方向与刀口切割方向相同，则表示刀口所在位置在这一区域的光线交点之前。与刀口所在位置为中心的球面波相比较，这个区域是凸起的。

2. 在阴影图中，某区域阴影的移动方向与刀口的移动方向相反，则表示刀口所在位置在这一区域光线的交点之后，与刀口所在位置为中心的球面波相比较，这个区域是凹陷的。

3. 在阴影图中，某区域出现均匀的半暗的阴影，则表示刀口恰好位于这一区域的光线交点处。

有这样一首方便记忆的口诀：焦前刀影同方向；焦后刀影对面来；焦点阴影一齐暗；左明右暗是高地；右明左暗是低谷。

刀口检验的方法十分灵敏，检验精度非常高，几乎一直沿用到了 20 世纪 60 年代，直到剪切干涉仪和其他新方法出现。这种十分简单的方法对光学天文望远镜的发展起到了十分重要的作用，至今仍然是业余天文望远镜爱好者用来检验他们自己磨制的望远镜镜面质量的一个好方法。

傅科是巴黎一个出版商的儿子。他少年时在家中自学，完成了中学以前的全部课程。进入大学后，开始在医学院学习，但是他害怕看见血液，所以转向了物理学科。傅科是一位多才多艺的科学家，不但发明了新的光学检验方法，还参加了著名的光速测量工作，并参与发现了多普勒效应；他将玻璃镜面镀银技术引入天文望远镜的镜面上，对照相底板的研究也发挥了重要作用；他证明了地球自转，证明了光

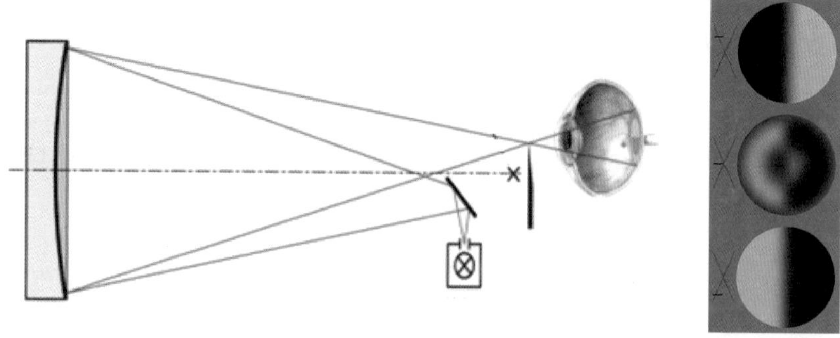

图 46　镜面的刀口检验方法

在水中速度小于在空气中的速度；他第一个发明了陀螺仪，还发明了傅科摆。在应用物理学上傅科占有十分重要的地位。

1781 年赫歇尔通过他的光学望远镜发现了新行星——天王星。之后人们不断地对天王星进行观测。不过这颗新行星总是运行得不太规律，不断地偏离预先计算好的轨道。到 1845 年，它的轨道偏离量已经达到 2 角分。这到底是什么原因？数学家贝塞尔和一些天文学家设想，在天王星的外侧一定还存在着另一颗行星。正是由于它的引力，才扰乱了天王星的运行规律。可是，茫茫天涯，这颗更新的行星究竟在什么位置上呢？

这个非常困难的问题吸引了两位青年天文学家的注意，他们分别是英国剑桥大学的教师亚当斯和法国天文学家勒维耶。1843 年和 1845 年，根据天王星运动轨迹的不规律性，亚当斯和勒维耶分别独立地预测了在天王星以外确实存在的另一颗未知行星，他们均预测了这颗行星的大致位置。这颗新的行星就是海王星，这是一颗通过理论计算所发现的新行星。

亚当斯出身非常贫苦，8 岁他在家乡农场的学校开始学习书法、希腊文和数学，很快他的水平就超过了老师。他从小就培养了对天文学的兴趣，自己在窗户上刻制日晷，来观测太阳的高度角。12 岁他进入了他表兄弟的学校，很快又在班上名列前茅。他利用业余时间自学数学和天文学，很早就完成了圆锥函数、微积分、数论、方程理论和动力学等重要课程。20 岁他获得了奖学金，进入剑桥大学。22 岁时，他得知贝塞尔关于新的未发现的行星的想法。24 岁他大学毕业时，荣获了学校的最高数学奖，并且留校任教。为此他集中力量对天王星轨道进行了大量计算，并且和天文测量的轨道偏移进行比较，从而严格证明了这颗新行星的存在。

这实际是一个三体运动学的逆运算问题，最后的工作是求解一个包含有十个未知数的方程组。到 1843 年 10 月，亚当斯关于这颗新行星的论文已经基本完成。1844 年他来到伦敦格林尼治天文台求见赫赫有名的皇家天文学家艾里，希望获得帮助以确认天王星的精确参数。艾里是望远镜口径衍射所形成的艾里斑的发现者，他当时已经身居高位。由于自身的傲慢和对小人物的轻视，艾里直接拒绝接见这位天文界的无名小辈。1845 年 9 月，他修改了论文，又来求见艾里，再次碰壁。两次都无法见到皇家天文学家。

在不得已的情况下，亚当斯只好将自己的论文留在天文台。这时已经是 1845 年 10 月 21 日。艾里接到这篇论文以后，由于他本来认为天王星轨道反常的原因在于万有引力定律的不完善而并非是新行星的摄动作用，因此他对亚当斯所断言的在宝瓶座中的一颗 9 等暗星就是这个新行星的结论表示十分怀疑。数天以后，论文受到了艾里的批评，同时艾里也没有及时安排对这颗新行星的搜索工作。

亚当斯没有其他办法，只好求助于剑桥大学天文台。当时大学天文台台长沙利很愿意试一试，但是他工作非常拖拉，直到 1846 年 7 月才开始进行观测。而且那时他手头没有该天区完备的星图，虽然两次都看到了这颗新行星，也未能最终证认出来。

这时在法国，年轻的天文学家勒维耶也在进行着类似的工作。勒维耶同样出身贫寒，为了到巴黎念书，他爸爸甚至卖掉了家中的一间房子。他毕业于综合技术大学，毕业后当了一段时间的实验员，1836 年回到母校担任天文教师。大约从 1841 年开始，勒维耶在研究水星的同时，也开始考虑另一颗新行星引起天王星摄动的问题。1846 年 8 月 31 日，他完成了对新行星轨道参数的计算，写出了《论使天王星运行失常的行星，它的质量、轨道和现在位置的决定》的重要论文。他的结论与亚当斯的基本相同。

勒维耶将论文提交给了法国科学院。由于巴黎天文台没有那一天区的详细星图，1846 年 9 月 18 日他又写信给德国柏林天文台，向他们报告了海王星的可能位置。柏林天文台的助理伽勒 9 月 23 日收到这封重要来信，他说服了台长，当天就开始搜索这颗未知的新行星。伽勒起初非常失望，他在那个天区没有发现任何有清晰圆面的天体。一同观测的大学生建议应该取出星图进行对照。这样仅仅花了半个小时，他们就在勒威耶所计算的天区中发现了这颗新的行星。太阳系的第八颗行星的位置和勒维耶的预报位置仅仅相差 54 角分。这个位置和亚当斯预报的位置仅相差 27 角分。这就是在天文界中广泛流传的关于发现海王星的故事。这颗新的行星的名字是柏林天文台决定的。海王星并不是通过观测发现的，而是根据牛顿力学理论通过数学计算而发现的。海王星的发现使太阳系的边界一下子向外延展了约 17 亿千米。

海王星的发现是牛顿所奠定的天体力学体系的辉煌成果。海王星发现之后 4 天，1846 年 9 月 27 日拉塞尔也通过他的反射光学天文望远镜看到了这颗行星。赫歇尔的儿子了解到这一情况后，特地写信给拉塞尔，请他关心一下海王星是否有它自己的卫星。17 天以后的 10 月 10 日拉塞尔就发现了它的第一颗卫星，同时他确定海王星具有光环。实际上，海王星一共有四颗卫星。在赫歇尔儿子的调停下，发现新行星的荣誉由亚当斯和勒维耶共同分享。1847 年两个年轻的天文学家在赫歇尔儿子的住处相见，后来他们成为了一对好朋友。

其实早在 1612 年 12 月 28 日，伽利略就已经观测到并记录下了海王星的位置。1613 年 1 月 27 日他又一次观测到这颗行星，但因为两次观测到的位置在夜空中都十分靠近木星，使伽利略将海王星误认为是一颗恒星，从而失去了自己发现这颗新行星的机会。在 1612 年 12 月第一次观测的时候，海王星正在刚刚转向逆行的位置，因为是刚开始退行，运动量十分微小，以至于伽利略的小望远镜察觉不到它的位置改变。如果他使用的是大口径光学天文望远镜，就可以确定他所看到的不是一颗恒星，而是一颗行星。

在 17 世纪和 18 世纪，大口径反射光学望远镜的主要发展基本是在英国发生的。而在此期间，在欧洲大陆的德国，优秀的折射光学望远镜正在孕育和发展之中。

天王星和海王星的发现使天文学家继续怀疑，是不是在它的外面还有另外一颗新的、未知的行星呢？这个疑问在 70 年以后促成了美国亚利桑那州北部一个光学天文台的建立。1930 年这个天文台发现了太阳系中的最后一颗类似行星的天体，这就是曾经的第九颗行星冥王星。2006 年因为冥王星的体积太小，和许多小行星相似，所以被国际天文学会清除出行星大家庭。这个改变冥王星地位的事件在国际天文界一度引起强烈的争议。

16

折射光学望远镜的新生

消色差透镜的发明极大地缩短了折射光学望远镜的长度，为折射光学天文望远镜的进一步发展提供了可能性。在折射光学望远镜的发展进程上，新的困难还在于玻璃材料的质量问题。折射光学天文望远镜需要十分纯洁、透明、均匀的光学玻璃来制造它的物镜。当时玻璃公司生产的玻璃材料常常带有气泡和杂质，而且在同一块玻璃材料中，不但光学折射率不均匀，硬度分布也不均匀。透明的大块玻璃中常常夹带有一丝一丝的彩色条纹。这样就不可能切割出质量非常好的、适宜于透镜加工的大口径的玻璃镜坯。在当时欧洲的玻璃厂几乎很难制造出口径超过 10 厘米的优秀透镜镜坯。尽管透镜的加工和设计水平均有了很大提高，然而没有合格的透镜镜坯，也还是不能够制造出较大口径的望远镜物镜。

正在这时一种改善玻璃镜坯材料质量的方法出现了。原来那时候当玻璃原料熔化后，由于没有合适的搅拌工具，玻璃熔液得不到很好的搅动，因此具有不同性质的玻璃熔化液不能很好地重新均匀分布，其中也混有不少气泡，这就大大限制了大块玻璃材料的质量。

吉南德是瑞士一个玻璃公司的技工，他木匠出身，从事过钟表业，最后转入玻璃制造业。由于他有和金属，特别是合金材料打交道的经历，他知道在熔化金属时，需要对熔液进行搅拌，才可能获得十分均匀的合金材料。

1798 年他发明了一种用陶瓷棒搅动玻璃熔液的方法。经过简单搅动，可以很容易地获得性质十分均匀、质量非常优秀的大块的透镜镜坯。同时经过搅拌以后，镜坯中的气泡数量也显著降低。当时其他人只能制造 10 厘米以下的光学玻璃镜坯时，他则可以制造直径 15 厘米的透镜镜坯。同时他还学会了在玻璃熔液中加铅来生产优质火石玻璃的方法。所有这些，在当时可是玻璃行业的重要秘密。

1807 年吉南德从瑞士辞职进入一间德国光学公司。在他的新同事中，有一个非常聪明的年轻人，他就是当时只有 20 岁的年轻人夫琅和费（1787—1826）。后来夫琅和费对光学以及光学仪器的发展发挥了十分重要的作用。

从吉南德那里，夫琅和费很快就学会了这种最新的玻璃制造技术。同时他又学会了制造消色差透镜的方法。在德国的这个光学公司，折射光学望远镜的口径不断变大，像质变得更加优秀。夫琅和费还利用牛顿环来精确测量透镜面的曲率半径。他利用这个原理制造了球面测量仪。他从 17 厘米的透镜磨制开始，一直磨制到直径 25 厘米以上的大透镜。

夫琅和费不但磨制透镜，而且制造整个光学天文望远镜。1824 年夫琅和费制造了一台直径 24 厘米、镜筒长度 4.3 米的性能十分优秀的折射光学望远镜（图 47）。这台折射光学望远镜口径大，像质非常清晰，并且在它的极轴上还装备了一种时钟式的恒星跟踪装置，称为赤道仪。这台折射光学望远镜是当时世界上性能最好的一台光学天文望远镜。该望远镜一开始安装在俄罗斯的多尔巴特天文台，后来转

图 47　24 厘米的多尔巴特折射望远镜

移到普尔科沃天文台。现在这台望远镜仍然完好地保存在爱沙尼亚境内。

多尔巴特折射望远镜的镜筒安装在一根转轴上，它可以随着转轴上下运动。转轴下面有一个圆盘，可以在地平方向转动。因为望远镜的平衡调节得非常好，所以只要用手指轻轻一推，整个望远镜就可以迅速转动。这台仪器最为特别的是：当它的纬度角固定不动时，望远镜可以挂靠在一个赤道仪上匀速地转动极轴，以补偿地球自转所引起的天球视运动。这样所观测的天体目标会稳稳地固定在这台望远镜的焦点上。贝塞尔曾经利用这台光学天文望远镜研究恒星的自行和岁差。

之后夫琅和费又生产了一系列高水平的大口径折射光学天文望远镜。在这些望远镜的焦面上还专门装备有类似千分尺的刻线装置，使得天文学家可以对天体的角尺度进行非常精确的测量。后来夫琅和费利用两个半透镜开始制造一种专门用于测

图 48　辛辛那提天文台的 28 厘米望远镜

图 49 阿根廷拉普拉塔天文台的 43 厘米望远镜

量太阳角直径的精密太阳测量仪器。这台太阳测量仪于 1837 年完成。利用这些精密的天文望远镜，天文学家对恒星自行和岁差进行了精确测量。从而在天体位置测量方面走出了最早，也是最重要的第一步。

随着时间的推进，折射光学望远镜的口径也不断增长。1824 年夫琅和费建成了 24 厘米折射光学望远镜。1835 年他又为柏林天文台制造了另一台 24 厘米折射光学望远镜，正是这台光学望远镜在 1846 年发现了海王星这颗新行星。

1848 年美国辛辛那提天文台安装了 28 厘米折射光学望远镜（图 48）。1857 年巴黎天文台安装了 38 厘米折射光学望远镜。1871 年英国制造了后来安放在苏格兰米尔斯天文台的 25 厘米折射光学望远镜。1894 年阿根廷拉普拉塔天文台安装了 43 厘米折射光学望远镜（图 49）。1880 年德意志帝国安装了 48.5 厘米折射光学望远镜。1885 年俄国圣彼得堡普尔科沃天文台建造了口径 76 厘米的折射光学望远镜。

所有这些都曾经是当时世界上口径最大的折射光学天文望远镜。不过真正的特大口径折射光学天文望远镜是 20 世纪初在美国实现的。在上面折射光学望远镜的名单中，阿根廷是唯一的非西方国家。不过阿根廷由于自然资源丰富，在当时是一个十分富有的国家，只是在后来经济才不断衰退。

在光学天文望远镜不断发展的基础上，玻璃材料和光学仪器工业也获得快速发展。1846 年德国蔡司光学公司成立。蔡司公司是生产显微镜起家的。1872 年该公司聘请了著名的光学专家阿贝来担任公司研发部主任，以及著名的材料专家肖特担任玻璃材料部门主管。

阿贝出生于 1840 年，父亲是纺纱厂工头。在父亲支持下他完成高中学习，毕业时成绩很好。尽管家庭不宽裕，他父亲仍然非常支持他的学习。1857 年他进入耶拿大学，1861 年获博士学位。在学习期间，他常常辅导大学生，以增加自己的收入。在天文台工作两年后，他获得了耶拿大学的讲师职务。1866 年他成为蔡司公司研发部主任，1870 年成为耶拿大学数学物理学杰出教授，1878 年成为耶拿天文台台长，并于 1889 年成为巴伐利亚科学院院士。

在蔡司工作期间，阿贝为显微镜设计了复消色差透镜。他发明了阿贝数来描述材料折射率和波长的关系。他定义了光学仪器的数值孔径。为了设计更好的显微镜，阿贝不断希望能有不同性质的玻璃材料，而肖特正好可以满足他的这个要求。1879 年 28 岁的肖特发明了耐热性能特别好的硼玻璃材料。后来肖特公司也和蔡司公司一样成为蔡司基金会下的直属公司。现在肖特公司仍然是世界上玻璃领域的一个国际垄断企业。

17

天体光谱的发现和光谱分型

在光学和光学仪器领域，夫琅和费是一位十分知名的科学家。他出生于 1787 年，父亲是普通的玻璃工人，他是家中第十一个孩子。他 11 岁丧母，12 岁丧父，成为一个孤儿。他不得已成为慕尼黑一家玻璃作坊的学徒。1801 年这家作坊房子倒塌，14 岁的夫琅和费侥幸生还。这次事件后，他获得巴伐利亚贵族马克西米利安一世的帮助，得到一个难得的学习技术的机会。8 个月后夫琅和费进入光学学院接受专业训练，经过学习以后，他留在学院内继续工作，很快就成为车间的骨干。1818 年 31 岁的夫琅和费成为光学学院的领导。由于夫琅和费的不懈努力，德国巴伐利亚取代了英国成为欧洲当时精密光学仪器的制作中心，主导了折射光学天文望远镜以及其他光学仪器的发展和制造。夫琅和费不仅在光学加工和制造上有突出的贡献，还对光学衍射、光栅和光谱学有着非常重要的贡献，这一点甚至连法拉第也只能甘拜下风。

1824 年夫琅和费被授予蓝马克斯勋章，成为贵族的一员。不过由于长期从事玻璃制作而导致重金属中毒，夫琅和费年仅 39 岁便与世长辞。

1666 年牛顿发现了可见光光谱，成为可见光光谱的开创性人物。在牛顿的实验中，他采用了圆孔来透过太阳光，谱线因此产生十分严重的重叠现象，所以根本不可能发现太阳光谱中的暗黑吸收线。1802 年沃拉斯顿首先发现太阳光谱中存在的一系列暗黑吸收线，这个报告和牛顿当年的观测不同。但是沃拉斯顿的工作被当时大部分人所忽视。

1814 年，夫琅和费利用棱镜发明了十分精密的光谱仪。在新的光谱仪中，他使用的是非常窄的细缝光阑，而不是有一定尺寸的圆孔。在实验中，他对不同玻璃材料的折射率进行了非常深入的研究。在夫琅和费的光谱仪中，所获得的太阳光谱包含有很多明亮的或者暗黑的光谱线（图 50）。这种竖直排列的线条基本上没有任何重叠。

图 50 太阳光谱上的夫琅和费谱线

夫琅和费对太阳光谱进行了十分重要的研究。他从太阳光谱中发现了多达 750 条暗黑的吸收谱线，并且依次用字母 A 到 I 来一个个标识它们，所以这些太阳光谱线也被称为夫琅和费线。同时他在一些金属，比如钠蒸汽的火焰中也观测到和太阳光谱中位置完全相同，但却是十分明亮的发射谱线。原来这些吸收和发射谱线是由同一种原子、原子核或分子所形成的。

这种谱线有两种特殊情况。第一种是当具有连续谱的光线穿过某种原子的蒸汽时，如果光子具有的能量正好等于这个原子的某两个能量级差，光子就会被吸收，从而产生暗黑的吸收谱线。吸收谱线是一条条出现在明亮背景上的暗黑线条。第二种是在一些金属的蒸汽火焰中，经过激发后的原子系统，通过降低它的能级回归到原有的能级时，会释放出具有相同能量的光子。这时火焰的光谱中就会产生明亮的发射谱线，它们是暗黑背景上的一根根明亮的线条。

夫琅和费花费了大量的时间和精力，非常详细地对太阳光谱中的吸收谱线，一根根进行编号和统计。同时他也观测到一些重要原子的发射谱线，发现了这些暗黑谱线和明亮的发射谱线有着一一对应的关系。可惜仅仅一步之遥，他没有能够完全理解这种吸收和发射谱线之间所存在的内在关系。

在夫琅和费研究的基础上，傅科将太阳光穿过有钠蒸汽的火焰，他本想这个钠蒸汽的明亮发射谱线会正好补偿太阳光谱中的暗黑吸收谱线。但是他没有想到的是经过钠蒸汽后，太阳光谱中的暗线不仅没有明亮，反而变得更暗了。后来本生和基尔霍夫最终确定：不同元素具有不同的光谱。明亮的谱线可以从元素的蒸汽中获得。而当连续光谱的光穿过这种元素的蒸汽时，则会在这些明亮发射谱线的位置上产生暗黑的吸收谱线。

1860 年光学的一个分支——光谱学正式诞生，从而在天文学中产生了天体物理和天体化学这两个新分支学科。光谱仪的发明是天文学历史上的一次重要革命，利用光谱仪，天文学家通过研究天体的光谱，揭示了天体辐射所包含的重要信息。就像指纹一样，它使得天文学家通过远距离观测，也可以获得恒星和其他天体的化学构成、物理性质、径向速度、温度和它们环绕暗物质或者黑洞时的运动状态。

1868 年天文学家首先在太阳光谱上发现了在当时在地球上仍然没有被发现的元素氦。几十年后的 1895 年，化学家才在地球岩洞的内部发现了氦这个元素。

夫琅和费还发现当光线经过一些相互平行的线条时，和通过三棱镜类似，同样会发生分光现象。光线通过这些平行线条后的色散也可以应用于观测光线中的各种谱线成分。他后来在玻璃面上有意识地刻上一些这样的平行线条，正式发明了一种新的、效力更高的分光元件——光栅（图 51）。在当时，

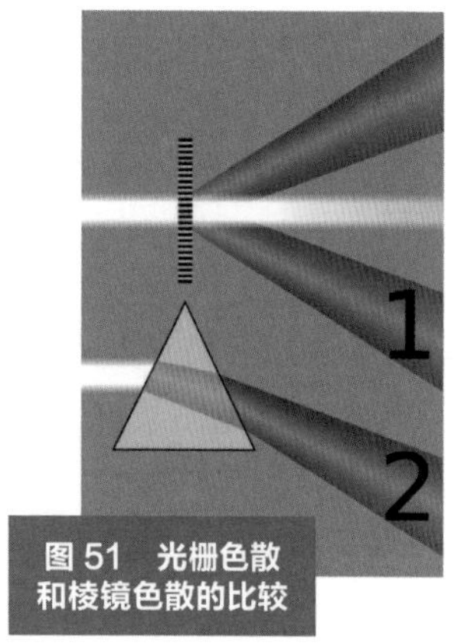

图 51 光栅色散和棱镜色散的比较

人们对这些线条会形成光谱的机理仍然不清楚。不过现在光栅已经成为天文学家和光学专家不可或缺的重要分光元件。

早期的光栅所使用的线条十分稀疏。1862 年瑞典物理学家埃格斯特朗将光栅的制造技术发展到了一个新水平。他制造出每厘米有 2000 条光栅线的色散光栅。他的名字缩写后就成为光谱学中一个尺寸非常小的长度单位——埃，1 埃等于 10^{-10} 米。后来又有天文学家制造了效率更高的反射光栅，并且将光栅密度提高到每厘米 6700 条光栅线。

19 世纪中叶，除了棱镜和光栅光谱仪在天文上大量使用外，天文学家还发明了物端棱镜来同时取得视场内很多恒星的光谱。物端棱镜就是一面放置在望远镜物镜前面的一个大口径小角度棱镜。经过这样的棱镜分光，在望远镜的焦面上可以同时获得整个视场范围内的所有星像的低色散光谱条纹。各种各样光谱仪的发明对恒星分类和恒星演化的研究有着十分重要的作用。一般常见的光谱仪是将分光元件放置在焦点后面的准直系统的平行光中。由于在进入光谱仪时必须通过一条十分狭窄的缝隙，通光效率很低，1882 年罗兰根据顶点不同的圆内接三角形顶角相等的特点，发明了可以将色散元件放置于会聚或发散光中的特殊的罗兰光谱仪，大大提高了光谱仪的通光效率。

通过对恒星光谱的观测，天文学家收集了大量的恒星光谱的数据。他们发现不同类型的恒星具有不同的光谱特性。1866 年天文学家塞奇就将恒星光谱分为三大类：第一类是呈白蓝色的恒星，第二类是呈黄色的恒星，而第三类是呈橙色的恒星。两年后，他增加了第四类含有碳的呈红色的恒星。十一年后，他又增加了第五类恒星。不过这种恒星光谱分类的方法很快就被十分有名的哈佛光谱分类法所代替。

哈佛恒星光谱分类法是和一大批女天文学家紧紧联系在一起的。她们其中的一位就是安妮 · 坎农。安妮是美国一个造船商和州议员的女儿，在大学预科班上，她成绩非常突出。1880 年 17 岁的她进入美国韦尔斯利女子学院。她不习惯于麻省寒冷的冬天，染上了猩红热，使她完全失去听力。4 年以后她从学院物理系毕业。当时妇女就业机会很少，加上她听力不好，所以生活非常无聊。在当时的未婚女子中，她已经是大龄、高学历的少数人。在这段时间，她自学了摄影术。1894 年她 31 岁，母亲去世，所以在经济上变得十分困难。在无可奈何的情况下，她向她的大学物理老师写信，查询有没有适当的工作。她的这位女老师聘任她为教学助理，她便因此完成了部分研究生的课程，学会了天文光谱学。同时她在哈佛大学天文系也注册了一些课程。1896 年哈佛大学天文台台长皮克林正式聘任她和其他的女士来完成恒星光谱的分类工作，1907 年她获得硕士学位。

当时皮克林雇用了一批十几名妇女来完成工作量大又十分烦琐的恒星光谱分类工作。她们中有些人甚至就是家庭保姆。这批妇女工资非常低，大约是一小时 25 美分，比秘书工资还要低。她们工作时间很长，但她们的工作却得不到应有的尊重。在天文界，这个妇女小组常常被称为“妇女人力计算机”，安妮就是她们其中的一员。

在这个小组中，安妮发挥了很大的作用，她和同伴花了很长时间和很大精力将恒星光谱进行分类。他们一开始用光谱中的氢吸收线强度来排序。吸收线强度最大的记为 A 类星，其次是 B 类星，等等。在分类过程中又不断变化，最后他们发现应该用恒星的温度从高到低来进行分类。这样就有了有名的 O,B,A,F,G,K,M 的分类方法。为了记住这个特殊的光谱顺序，人们编造了一句简短的英文句子：“噢，做一个好女孩，吻吻我（Oh, Be A Fine Girl, Kiss Me!）”。

她们这个小组将天上所有的亮度 9 等以下的 23 万颗星全部进行了光谱型的分类。恒星光谱中的吸收线是由于恒星外层很稀薄的大气所形成的，它们的谱线成分完全决定于恒星的温度。比如氦非常不容易离子化。所以只有温度最高的 O 型星才会有离子氦 II 的谱线。B 型星的温度略低一些，它不能使氦离子化，但是它可以使氦原子的电子能级升高。所以它没有氦 II 谱线，但是有氦 I 的谱线。在温度非常高的 O 型星中，热力学温度大于 1 万开尔文，恒星大气中的氢原子也会离子化，氢离子没有电子，仅仅是一个质子，所以在 O 型星中的氢谱线非常微弱。到了 B、A 和 F 型的恒星时，恒星大气的温度刚刚可以使氢原子的电子能量增加，而又不使它们离子化，所以氢的巴尔末线很强。到了 G 和 K 型的恒星时，巴尔末线就十分微弱。而到了 M 型星，就根本不存在巴尔末线了。金属原子非常容易离子化，所以温度低的恒星有很多金属谱线。O 型星的温度大于 3 万开尔文，而 M 型星的温度则小于 3700 开尔文。

在天文上恒星的亮度是根据星的视亮度，用星等来表示的。公元前 129 年，希腊天文学家伊巴谷简单地将天上最亮的恒星称为 1 等星，而将稍微暗些的恒星称为 2 等星，同时将肉眼可以看到的最暗的恒星称为 6 等星。人的肉眼只能看到 6 等以下的星，这种星全天球大约 6000 颗。一个标准烛光如果被放置在距离观测者 1 千米远的地方时，其亮度则相当于 1 等星的亮度，当它被放置在 10 千米远的地方时，它的亮度就相当于 6 等星的亮度。在之后的 1400 年的时间内，天文学家仍然依靠肉眼来进行天文观测，基本上仍然使用这种划分星等的方法来表示恒星的亮度。所有恒星总共分为 6 个等级，星等越高，亮度就越低。在伽利略使用光学望远镜以后，他看到了比 6 等星更暗的星，他曾经建议将这些肉眼看不到的星统统称为 7 等星。之后望远镜口径越来越大，所看到的星越来越暗。暗星的亮度也就不再存在一个极限值。1856 年，英国人波格森建议遵循每隔 5 个等星，恒星的亮度差别正好是 100 倍的关系进行星等划分，这样相邻两个星等对应的亮度差别是 100 的 5 次根，大约是 2.512 倍。使用这个关系式，就可以定义比 1 等星亮度高的天体，它们包括 0 等星和负数的星等。这就形成了现代天文学所使用的视星等。在天空中太阳是 −26.74 等，满月是 −13 等，金星是 −5 等，天狼星是 −1.46 等，织女星是 0 等，牛郎星是 1 等。根据恒星的视亮度和它的距离，则可以很容易地计算出恒星的绝对亮度。在天文上，恒星的绝对星等是将恒星放置在 32.6 光年的距离上所呈现出的视星等。

1911 年从哈佛光谱分类出发，结合恒星的绝对亮度，丹麦天文学家赫茨普龙和美国天文学家罗素先后独立绘制出了有名的赫罗图（图 52）。在这幅图上，横坐标是恒星的光谱型，纵坐标是恒星的绝对亮度。占恒星数量 90% 的所有的主序星正好排列在这张图的对角线上。天文学家把这条带区称为主序带，带上的恒星被称为主序星。对于主序星，它的表面温度高，光度也大。在图的右上方，有一个星比较密集的区域，它们的光度大，但是表面温度不高，这表明它们的体积巨大，称为红巨星。在图的左下方，也有一个星比较密集的区域，这些星表面温度高，但是光度小，表明它们体积小，称为白矮星。从赫罗图可以很清楚地看到恒星的进化、成长、发展和消亡的全部过程。这张赫罗图的发表，在天文学中有着十分重要的意义。

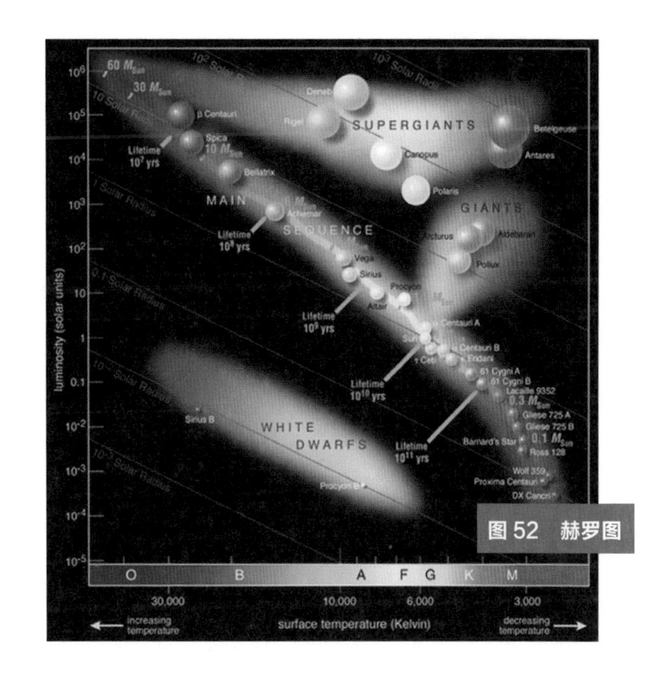

图 52 赫罗图

安妮及她的妇女小组为这张赫罗图的发表做出了重要贡献。安妮于 1941 年去世，她终身未嫁，在去世前一直默默无闻。不过现在美国天文界有了一项专门为女天文学家设立的安妮 · 坎农奖。

除了在光谱分类上的杰出成就以外，哈佛的女天文学工作者小组还对天文光度学中作为标准光度的造父变星进行了深入的研究，做出了非常杰出的贡献。这一工作是和女天文学家勒维特直接联系在一起的。1784 年皮戈特第一次观测到一颗造父变星。古德利克发现这种造父变星最亮的时候为 3.7 等星，最暗的时候为 4.4 等星，周期为 5 天 8 小时 47 分 28 秒。

1893 年 25 岁的勒维特从大学毕业，那时她因为生病，同样失去了听觉。在大学的最后一年，她参加了一门天文课的学习，获得 A- 的成绩。毕业以后，她就参加了哈佛的妇女计算机小组的工作。一开始她是无偿工作，后来她的微薄工资是每星期 10.5 美元。1908 年皮克林当时安排她研究变星。勒维特注意到在麦哲伦星云中有很多变星。麦哲伦星云距离地球很远，在星云内的恒星的相对亮度和它们的绝对亮度之间有相同的比例关系。当年勒维特在哈佛天文台年刊上发表了论文，指出绝对亮度越是亮的变星，它的变化周期就越长。

1912 年，勒维特又一次以 25 颗造父变星的数据证实了这个结论。并且这个关系非常有规律性，因此可以对它的绝对亮度进行预测。这种变星就像一个个具有标准亮度的灯泡一样分布在整个天空，成为推测天体距离的一种重要标尺。

勒维特发现这种造父变星周期的对数和变星亮度之间存在线性关系。这个理论对后来的哈勃发现河外星系和宇宙红移的工作有着举足轻重的影响。勒维特这一工作的重要性绝对不亚于取得诺贝尔奖的任何成就。

由于长时期劳累的工作和非常低的报酬，勒维特在 53 岁的时候因癌症去世。她同样也是终生未嫁。在她生前，她的开创性工作也没有受到任何奖励，仅仅在最近，后人才用她的名字命名了一颗小行星和月亮上的一个小山包。在她的工作的启发下，1913 年赫茨普龙又找到了确定星云距离的一种新方法。从此，真正开创了天文中的星系学和宇宙学的新分支学科。

2011 年诺贝尔奖发给了三位美国天文学家，这是因为他们发现 Ia 型超新星也可以是测量星系距离的标准烛光，并且发现了宇宙不仅正在膨胀，而且是正在不断地加速膨胀，这是后话。

18

照相术诞生和多普勒效应

早在公元前5世纪，中国的墨子就已经对小孔成像的现象有所研究。到公元6世纪，欧洲已经出现了一些前面有小孔的成像暗箱，这是一种用于帮助绘画的简易照相装置。10世纪以后，这种成像暗箱已经被画家广泛使用。比如13世纪的培根、15世纪的达·芬奇、17世纪的开普勒均使用过这种暗箱。到18世纪，这种暗箱常常使用45度的平面镜，将前方的景色反射到暗箱的上面。

公元13世纪，德国天主教的主教马格努斯在使用硝酸分离金和银的时候，发现了硝酸银。1614年，萨拉记录了硝酸银在阳光下会变黑的现象。后来发现纯净的硝酸银不受阳光的作用。1717年德国教授舒尔策发现硝酸银和石膏的混合物在阳光下会变黑的现象。他将混合物放置在炉子中，却不产生任何反应。1777年舍勒发现了氯化银在阳光下变黑而分解为固体银的重要现象。同时他发现通过氨水的作用可以溶解掉余下的氯化银，但是它不能溶解沉淀下来的金属银。这个重要现象就是后来使用定影液体来将摄影底片上的像固定下来的依据。

现代照相机和现代摄影开始于1790年。那一年英国人托马斯·韦奇伍德制造出照相机的基本模型。1800 年他使用有小孔的成像暗箱获得了有史以来的第一张照片。1822 年照相底板出现。4 年以后法国发明家约瑟夫 · 涅普斯将其发展成与现代照相机相似的仪器。1838 年人类首次将自己的影像投放到胶卷之上。早期照相底片使用的是不敏感的氯化银，它需要很长的曝光时间。后来溴化银代替了氯化银，大大缩短了照片的曝光时间。

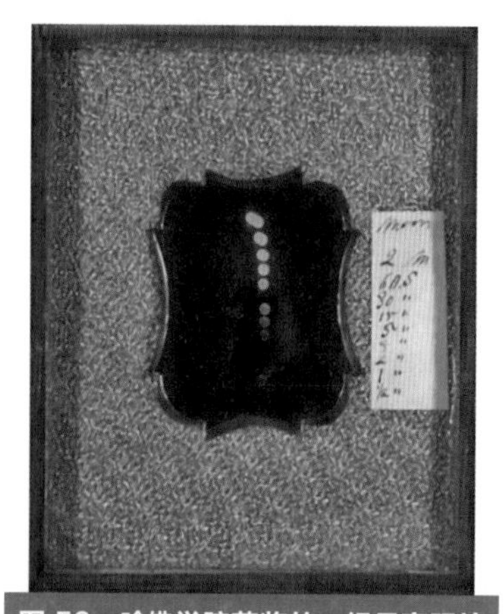
图 53 哈佛学院获奖的一组月亮照片

照相术在天文上的应用开始于 1840 年，那一年第一张月亮表面的照片正式公开。1845 年傅科和斐索成功拍摄了一张太阳的照片。1849 年哈佛学院利用 38 厘米折射光学望远镜，曝光 20 分钟，获得了一组十分清晰的月亮照片，这张有名的照片曾经在 1851 年伦敦水晶宫举办的国际博览会上展览过（图 53）。同年，玻璃湿底片开始在光学望远镜上使用。湿片灵敏度非常高，需要的曝光时间短，所以获得的照片十分清晰。这时望远镜的跟踪误差对照片清晰度影响很小。

照相术在天文学上的第一个成果就是对太阳黑子活动周期的认识。1843 年通过对太阳黑子进行连续 17 年的照相观察，天文学家发现太阳黑子变化的周期大约是 10 年左右。现在认为太阳黑子的活动周期大约是 11 年。这个黑子变化的周期和地球磁场的周期相当接近，因此天文学家推断出这两者之间可能会存在某种特别的联系。1873 年德拉鲁在格林尼治天文台专门制造了一台口径 10 厘米的折射光学太阳照像仪。1882 年太阳表面出现了很大的黑子区域，而伦敦的天气则是雾气蒙蒙，同时格林尼治天文台的指南针不寻常地反复跳动，在天空中也出现了范围很大又明亮的美丽极光。

照相术的发明对天文学有着十分重要的意义。照相记录的光子利用率大约在 5% 左右，和人眼类似。但是照相记录和人眼观察很不一样，人的眼睛对记忆有不断更新的特点，而照相记录则具有信息量稳定和不断积累的特性，在照相底片上的光子数会不断增加，最后获得清晰的星像。

19 世纪后期，天文学家已经开始使用眼睛并利用一些标准光度，比如月亮或者特定星的亮度，来和其他恒星进行比对，从而间接地测量这些恒星的光度。这种研究天体光度的学科被称为天文光度学。不过这些目视测量的准确性和天文学家个人的主观感觉有直接关系，因此仍然是非常不客观的。照相底片具有位置上和光度上的高度的准确性，利用照相测量，可以使天文观测完全排除天文学家因主观和记忆产生的误差。

1857 年天文学家惠普尔对北斗七星斗柄中间的开阳星进行了跟踪照相，在曝光时间达 80 秒的底片上，他清楚地看到了它的另一颗比较暗淡的伴星。原来开阳星是一个双星系统。他还将这颗的伴星的光度用微密度测量仪进行了准确的测量。照相术的使用开启了照相光度学的新纪元。利用照相术得到的光度的测量精度要远远高于利用人眼睛得到的的光度测量精度。

在照相术不断发展以后，天文学家逐步开始了一项新的天文观测项目，这就是有计划的巡天工作。通过巡天，天文学家可以获得整个天区的天文信息的样本。为了尽快地完成巡天任务，必须使用具有大视场的天文望远镜。1910 年，一种视场较大的 R-C 系统反射光学望远镜问世，利用这种系统可以使望远镜的视场接近 1 平方度。1931 年一种包括反射主镜和透射改正镜的施密特望远镜诞生。施密特望远镜有很大的可用视场，达 25 平方度，它的发展将在后面的分册中进行介绍。后来像场改正镜也不断发展，同时又发展出了视场更大的三镜面大视场望远镜。

多普勒效应也是天文观测的一个重要理论基础。在日常生活中，多普勒效应的表现是：当一列火车迎面驶来的时候，会听到其鸣笛声的音调越来越高；而当火车离去的时候，音调会越来越低。这个效应的发现是和三位重要的科学家联系在一起的。他们分别是多普勒、斐索和马赫。多普勒是多普勒效应的创始人，斐索是天文光学干涉方法的创始人，马赫的名字则和声音的速度密切相关。奥地利人多普勒1903 年出身于一个建筑世家，19 岁进入维也纳技术学院学习数学，3 年以后又继续学习专业数学、力学和天文学，1829 年成为维也纳大学临时助教。之后他经历了失业，担任过一段时间的高中教师，1837 年成为技术学院的教师。1842 年多普勒发表了他的重要论文《论天空中双星和其他一些恒星的彩色光》，首先提出了光的频率变化和光源相对于观测者的视向速度成正比的理论。但是在这篇论文中，他所引用的例子不恰当，实际上双星的颜色受到多普勒效应的影响非常小，颜色的变化根本看不出来。1846 年多普勒发表了新的论文，同时描述了声源的运动和观察者的运动。为了证明多普勒的理论，荷兰气象学家白贝罗进行了有名的火车站的实验。多普勒频率漂移适用于所有电磁波频段以及声波范围。多普勒仅仅活了 50 年，他因肺结核死于 1853 年。1848 年斐索将多普勒效应推广到光波的范围，直接应用于天文领域，独立地对恒星的波长偏移做出了解释。光波的频率变化，使人感觉到的是颜色的变化。当恒星远离我们而去，则光的谱线就向红光方向移动，称为红移；如果恒星朝向我们运动，光的谱线向紫光方向移动，称为蓝移。1860 年马赫首先用仪器演示了声学多普勒效应。

光的多普勒效应的理论在当时仍然是一个假说，在光波范围内，这个理论很难用实验来加以证实。多普勒本人想利用双星的观测来验证这一理论，但是仍然十分困难。以后不少天文学家又用目视方法进行了多次对恒星视向速度所引起多普勒效应的观测，结果发现这些谱线的移动距离非常小，所以这些试验都不能够证明多普勒效应的实际存在。

真正的突破是在 1887 年，天文学家进行了一项对太阳东西两个边缘上的视向速度差所引起效应的观测。观测所获得的结果和利用太阳黑子的移动所获得的太阳赤道的旋转速度十分接近。这个事实对多普勒效应的理论是一个极大支持。在这个观测中采用了一种特殊的对比光谱仪，它可以将太阳两边缘的光线移动到一起，这样所获得的谱线移动正好是单个边缘谱线移动的两倍。这时对移动量的测量就更加准确。

从 1887 至 1891 年，天文学家沃格尔等利用照相底片进行了多次对恒星多普勒谱线平移量的测量，获得了多普勒效应的确切证据。多普勒效应的发现对研究恒星运动，以及对进行星系和超星系的划分等等有着十分重要的作用。这些观测最终导致了广为人知的宇宙不断膨胀的大爆炸理论。天文学家哈勃后来利用 2.5 米胡克光学天文望远镜所做的工作，是有关多普勒效应的最具影响的实际应用工作。哈勃利用多普勒效应发现了宇宙正在不断膨胀的结论，之后他还发现：当光源的运动速度非常快、达到相对论速度的时候，需要使用特殊的洛伦兹公式来修正光源的速度。

因为可见光是一种波长很小的电磁波，所以 1845 年法拉第发现了光在通过透明的磁性介质时，光的极化方向会发生旋转的法拉第效应。1877 年克尔发现了光在磁性材料的表面反射后，光的极化和强度均会发生变化的克尔效应。1896 年荷兰物理学家塞曼通过实验发现当原子在静态磁场中时，它的一些谱线会产生分裂，形成双频谱或者多频谱的特殊现象，这就是塞曼效应。塞曼是洛伦兹的研究生，1893 年 28 岁的他完成了基于克尔效应光学研究的博士论文。1896 年他使用实验室的设备来测量塞曼效应中的谱线分裂。塞曼曾经一度被大学解雇，但是后来他的理论被证明是正确的。当年 10 月 31 日，星期六，洛伦兹听到了塞曼的工作，11 月 2 日洛伦兹就根据他自己的电磁场辐射理论，对塞曼效应进行了正确的解释。因为这个发现，阿姆斯特丹大学邀请塞曼担任讲师。1902 年塞曼因为他的发现获得诺贝尔物理学奖。塞曼也被阿姆斯特丹大学提升为教授。很快塞曼效应的重要性就为物理学家所公认。1920 年爱因斯坦专门访问了已经是阿姆斯特丹物理学院院长的塞曼教授。塞曼死于 1943 年。

天文学家知道通过观测谱线的分裂情况就可以了解天体磁场的分布情况。1908 年海尔在太阳黑子的光谱中首次观测到了双谱线。原来在太阳上存在着很强的磁场，而黑子所在之处就是太阳磁场的聚集区域。太阳上的磁场方向每隔 11 年就翻转一次，所以黑子形成和消亡也具有 11 年的周期。天体磁场的发现使太阳物理获得了全新的突破。

19

美国光学望远镜的发展

在光学天文望远镜的早期发展过程中，荷兰、意大利、波兰、德国、英国以及后来的美国均发挥了十分重要的作用。反过来光学天文望远镜的发展也大大推动了这些国家工业技术的不断进步。起源于罗斯家族制造大望远镜的传统，英国出现了十分重要的天文望远镜制造公司——格拉布－帕森斯公司。德国则出现了有名的肖特玻璃公司和蔡司光学仪器公司。美国在望远镜发展的后期发挥了很大的作用，出现了著名的几乎是垄断性的玻璃制造企业——康宁公司。

英国的格拉布－帕森斯望远镜公司先后为英国、德国、澳大利亚、新西兰、瑞士、丹麦、西班牙、波兰、乌克兰、乌兹别克斯坦、埃及、南非、印度和日本等国家生产了很多大口径的光学天文望远镜。其中最有名的是格林尼治天文台的 2.5 米牛顿光学望远镜、在西班牙拉帕马岛上的 4.2 米赫歇尔光学望远镜、3.8 米英国红外望远镜和 3.9 米英澳光学天文望远镜。不过这个历史悠久的著名公司在完成了 4.2 米赫歇尔光学望远镜以后，由于缺少新的天文望远镜订单，于 1998 年正式关闭。这从一个侧面反映了英国作为一个技术大国的衰落。

19 世纪早期，美国在天文望远镜方面的发展仍然远远落后于欧洲国家。1824 年美国北卡罗来纳州立大学校长亲自乘船前往欧洲，他花费了 3234 美元来购买天文书籍，又花费了 3361 美元来购买天文科学仪器。在购买仪器的清单中，最主要就是天文光学望远镜。他的这一采购活动标志着美国天文学研究和光学天文望远镜发展的起点。1826 年一台口径 8 厘米中天仪式光学天文望远镜和一台口径 6 厘米地平式光学望远镜抵达北卡州立大学。这个大学成为美国第一个拥有光学天文望远镜的学校。1831 年北卡州立大学天文台奠基，成为美国首个专业天文台。1830 年耶鲁学院也购买了一台光学天文望远镜。1836 年威廉学院也建立了自己的天文台。1839 年哈佛大学开始筹建哈佛学院天文台。1847 年哈佛学院天文台安装了当时世界上口径最大的 38 厘米折射光学望远镜，该望远镜和俄罗斯普尔科沃天文台折射光学望远镜是同样的设计，它们来自德国的同一个公司。这两台望远镜世界第一的位置一直保持到 1862 年，这时美国克拉克公司为老芝加哥大学天文台制造了一台 47 厘米折射光学天文望远镜，这台望远镜现在安装在西北大学校区。美国各个大学的天文研究这才逐渐开展起来。

美国真正的国家天文台的建立也远远晚于老牌帝国英国和法国。1845 年美国建立了美国海军天文台。美国海军天文台的基本建设工作是从 1850 年才真正开始的。几乎和美国同时，1839 年俄罗斯彼得大帝在圣彼得堡建立了普尔科沃天文台（图 54）。

1861 年，普尔科沃天文台安装了 38 厘米折射光学天文望远镜。1885 年，又安装了 76 厘米折射光学天文望远镜，这两台望远镜均是当时世界上口径最大的折射光学天文望远镜。19 世纪是美国和俄罗斯国家天文台同时起步的时间。在 20 世纪，两国同时成为超级大国。这充分说明后发国家也有机会超越其他老牌发达国家。

在同一时期，建立国家天文台的还有南非、阿根廷、日本和澳大利亚等有一定

图 54　普尔科沃天文台的员工的照片

实力的国家。1820 年南非在开普敦建立了皇家天文台。赫歇尔的儿子从 1834 年到 1838 年在南非皇家天文台完成了对南天球的巡天观测。1872 年阿根廷建立了拉普拉塔天文台，1894 年该天文台安装了 43 厘米折射天文望远镜。美国天文学家古尔德曾经使用该望远镜对南半球天区进行了天文观测。1888 年日本建立了东京天文台，这是日本国立天文台的前身。1896 年澳大利亚建立了珀斯天文台。

到 1850 年，美国在光学天文望远镜的发展上所发挥的作用依然十分有限。那时世界上最大的折射光学天文望远镜是俄罗斯普尔科沃天文台和美国哈佛天文台的 38 厘米折射光学望远镜，它们均是德国莫伊公司的产品。而最大的反射光学望远镜则是罗斯制造的 1.82 米巨无霸光学望远镜。在那个时代，德国的光学工艺世界第一，所生产的折射光学天文望远镜非常精密，技术含量很高，而反射光学天文望远镜则被认为是巨大而粗糙的，它们转动不灵活，难以操作使用。在光学天文望远镜领域，一直是德国一家垄断的局面，英国的地位已经远不如赫歇尔的时代。而美国光学天文望远镜的研制则几乎是一片空白，完全依靠克拉克（1804—1887）家族的努力才开始走向巅峰。

克拉克父子公司里主要有三个重要角色，一个是父亲，另两个是他的儿子。父亲阿尔万（1804—1887）出生在一个农场和锯木场主的家庭，早年曾在一个小语法学校接受教育。他的哥哥经营马车制造，而他则是波士顿一位小有名气的肖像画家。他擅长小尺寸的肖像画和水彩画，经营自己的画室。他一共有 4 个小孩，其中两个儿子分别是阿尔万·格雷厄姆·克拉克和乔治·克拉克，是克拉克父子公司的重要成员。

1846 年他的儿子乔治熔化了一个铜钟，要用它来浇铸反射光学望远镜的镜坯，准备磨制光学望远镜的镜面。这件事引起了老克拉克的注意，因此他成立了克拉克父子公司。公司的主要业务就是他儿子进行的一些光学仪器修理工作。很快他就熟悉了金属镜面的磨制和抛光，也掌握了玻璃透镜的磨制技术。

克拉克早期制造的是 20 厘米大小的反射光学望远镜。一开始他的订单很少，很难引起美国或者欧洲天文界的注意。1847 年他建造了一台 18 厘米反射光学天文望远镜，同时自己亲自进行高质量的天文观测，以引起国际天文界对他所生产的优质镜面的关注。结果这个计划实行得很好。通过对猎户座星云进行观测，利用他的绘画特长，他画出了一张十分清晰的星云图像。他的图像比赫歇尔和罗斯的要完整很多。当时赫歇尔使用的是 47 厘米反射光学望远镜。阿尔万漂亮的星云图像感动了哈佛学院天文台的台长邦德，很快他就获得了其他天文学家的注意。

阿尔万同时注意到折射光学望远镜要比反射光学望远镜光学效率高很多，成像的细节也要清晰很多。从此他开始致力于折射光学望远镜的研制，开始了大口径物镜的磨制。为了少走弯路，他借助和哈佛学院天文台台长的关系，仔细地考察了哈佛学院所安装的德国制造的 38 厘米折射光学天文望远镜的全部结构。

1859 年老克拉克首次远访英国，这也是他一生中唯一的一次出行。在访问期间，他见到了罗斯和赫歇尔的儿子。借助于名人的声望和影响力，他的身价顿时有了很大提升，因此也极大提高了他在望远镜制造上的声誉。很快他就收到了来自欧洲的光学天文望远镜的订单，公司的业务也逐步地发展起来，成为美国第一个有名的光学天文望远镜的家族企业。

当时密西西比大学要克拉克公司生产一台 47 厘米的折射光学望远镜，1862 年这台望远镜消色差物镜已经磨制完成。在检查物镜质量的试观测期间，当年 1 月 31 日这台临时装配的简易望远镜就已经发现了一颗非常非常暗的白矮星。为此他的儿子获得了法国科学院的奖励。

当时美国正在进行南北战争。由于战争，密西西比大学始终没有获得这台光学天文望远镜。1866 年这台望远镜最后被安装在一个私人天文台中，这个私人天文台后来成为老芝加哥大学的附属天文台，它的主人名字叫海尔。

就在克拉克制造 47 厘米折射光学望远镜期间，1852 年一个名叫克瑞格的苏格兰工匠建成了一台 61 厘米口径的水塔式折射光学望远镜（图 55）。这台光学望远镜口径不是很大，但是它的镜筒很长，操作十分困难，只有将其高高地悬挂在水塔的中部才能调整望远镜的指向，进行稳定的天文观测。

图 55　61 厘米口径的水塔望远镜

1860 年英国的纽沃尔又制成了一台当时世界上口径最大的 63.5 厘米折射光学望远镜（图 56）。为了超越这台口径最大的折射光学望远镜，1870 年阿尔万决定为美国海军天文台生产一台口径 66 厘米的折射光学望远镜。为了这台望远镜，美国政府出资 5 万美元。该望远镜于 1873 年建成。1877 年海军天文台台长利用这台折射光学天文望远镜发现了

图 56　63.5 厘米折射望远镜（1860）

火星的两颗卫星。克拉克公司的声誉也随即获得了很大提高。

克拉克公司的折射光学望远镜制造十分精良，性能非常好。1883 年他们生产了一台 20 厘米折射光学望远镜。现在这台望远镜仍然十分完好地保存在奥克兰的夏博空间与科学中心，显示出当时望远镜工匠非常精密的工艺和高超的生产技术。

1880 年英国格拉布公司为维也纳天文台制造了一台 68 厘米折射光学天文望远镜，再一次超过了克拉克公司的 66 厘米折射光学天文望远镜。1885 年克拉克为俄罗斯普尔科沃天文台又制造了一台口径 76 厘米的折射光学天文望远镜，重新夺回了世界第一口径的宝座。

20

世界级折射光学望远镜

随着望远镜口径的不断增加，克拉克公司的技术和声誉也在不断提高。1874 年克拉克公司在金融家利克 70 万美元私人基金的支持下，开始生产一台口径达到 91 厘米的折射光学天文望远镜（图 57）。老克拉克主持了这台光学望远镜的设计。它巨大的物镜是包括两片玻璃的消色差透镜。老克拉克将透镜的坯料交由一家法国玻璃公司承担。因为他们从来没有生产过如此大的透镜，望远镜物镜中的一片在运输途中破裂。为了再浇铸这片玻璃，总共进行了 18 次浇铸，最后终于获得成功。1887 年 12 月 31 日，巨大的物镜终于安装在镜筒之中。当时天文台地区的天气不好，始终有云雾，安装工人不得不等待了整整 3 天。1888 年 1 月 3 日，望远镜首次开光。

图 57　0.9 米利克折射光学望远镜

他们发现望远镜根本不能聚焦，原来物镜的焦距被估计得过长。没有别的办法，只好将镜筒锯短，这样星像才能真正聚焦。老克拉克没有能看到这台望远镜的竣工典礼。老克拉克死后不久，这台当时世界上口径最大的折射光学天文望远镜在加州北部的利克（Lick）天文台正式启用。这台折射光学望远镜的镜筒很长，达 18.3 米；整个望远镜支撑在一个十分高大的砖磴之上。在望远镜建成以前，十分富有的捐款者利克已经去世。根据利克的遗嘱，他的遗体就埋葬在这台光学望远镜的砖磴的下面。

利克出生于 1796 年，是一个木工的长子，他下面共有六个弟弟妹妹。利克 21 岁时，曾经和他所工作的面粉厂的老板的女儿相好。在这个女孩为他怀孕以后，他打算和她结婚，但受到女孩父亲竭力阻止。这个老板宣称，只有当利克拥有一个像他的工厂一样大的工厂的时候，才能够娶到他的女儿。年轻的利克在极度的悲愤之中毅然离开家乡。临走之前他坚定地宣称，总会有一天他一定会有一间比他老板公司大得多的自己的公司。

利克一开始就致力于学习制造钢琴的技术，1821 年，他 25 岁时就成立了自己的钢琴公司。当时的阿根廷十分富有，每年要进口大量钢琴。当他听说他生产的钢琴出口到阿根廷，他就转向阿根廷，直接在阿根廷生产。在阿根廷他的生意十分兴旺。经过四年以后，他身体不太好，为了恢复健康，他去欧洲停留了一年。当他返回阿根廷时，被葡萄牙海盗关在乌拉圭本土。他冒着生命危险，侥幸逃脱。等到 36 岁时，1832 年，他带上了 4 万美元巨资，兴致勃勃地返回家乡，准备迎娶他的心上人。 不过在他离开家乡后仅仅两年，他的心上人就已经结婚。当他回来的时候，她感到十分内疚，故意离开了家乡。

经过这次家乡之行，极度失望的他返回了阿根廷，很快就搬到智利，之后又移居到秘鲁。他勤奋刻苦地工作，集聚了大量财富。1847 年他 51 岁，功成名就，回到加州。他回来的时候，在行李中就有价值 3 万美元的墨西哥金币和重达 600

斤的巧克力，当时巧克力的价值很高。后来他在旧金山定居，很快就把他的财产转变为地产。由于旧金山金矿的发现，地产价格大幅高涨，他再一次发了大财。在离开家乡整整 37 年以后，他花费了整整 20 万美元在家乡，建立了一个规模巨大的面粉厂。不过这时，他的心上人已经死了 4 年。经过多方打听，利克终于找到了他唯一的儿子。

为了儿子，利克建造了一座有 24 个房间的大房子。整个房子装修十分考究，所有房间均带有大理石壁炉。但是他的儿子却不习惯住在奢华的大房子中。这样他的装修积极性也就没有了。他的大房子工程一直没有全部完成，他所居住的房间一直没有装修，他就睡在两个大木桶之间，地上全是干瘪瘪的水果。1876 年 80 岁的老利克在孤单之中死去。

利克一生积累了大量财富，是当时加州最富有的人。他曾经计划用 100 万美元制造一个他自己的塑像，树立在海岸之上。但是他的朋友讲，这个塑像很容易成为海军大炮练习的射击目标。后来他又想要在旧金山市内他所拥有的大片土地上造一个比埃及金字塔还要大的金字塔建筑。最后他也觉得这个计划实际上并不可行。

在晚年他遇到了一个天文学家。这个天文学家说："如果我像你那样有钱，我就会制造一台世界上最大口径的光学天文望远镜。"当时的加州科学院院长也极大地影响了他最后捐助天文望远镜的想法。为此他捐助了 70 万美元巨款建造这台世界口径最大的 91 厘米利克折射光学望远镜。这是他 300 万美元所资助的 7 个项目中的一项。现在他的遗体就浇铸在利克折射光学天文望远镜的基墩里面，和这台望远镜真正地永远连接在一起。

利克被后人称为大方的吝啬鬼。利克的经历应该对我们这一代中的所有富人都有所启示。单纯的财富并不能给你的人生带来幸福和快乐，只有将你的资金投入到科学、文化、福利和建设事业中，才可以为你的人生增添光彩。

新的大口径折射光学望远镜为加利福尼亚州争得了荣誉。同时加州的天气条件也非常适合大口径折射光学望远镜的天文观测。就在这时，一位拥有大量房地产的银行家、加州众议院议员斯彭斯决定要捐款 5 万美元给南加州大学，来购买两块物镜的镜坯，用于建设另一台更大口径的折射光学天文望远镜。

南加州大学雄心勃勃，他们的目标将望远镜口径定为世界第一的 1.01 米。当即他们就向克拉克公司预订了两块巨大的 1.01 米光学透镜镜坯（注：消色差物镜需要两片玻璃镜片）。

等克拉克已经在这项大口径光学望远镜的计划中预先投入了 2 万美元之后，加州议员斯彭斯突然去世。而他所遗留下来的房地产正赶上当时的萧条期，根本不值很多钱。所以这个口径最大的光学折射望远镜计划完全失败，当时的南加州大学根本无法筹齐所需要的建设这台大口径折射光学天文望远镜的全部经费。而拥有世界上最大透镜镜坯的克拉克公司也立即陷入一场财务困境之中。

世界上口径最大的这一台折射光学天文望远镜注定是和海尔这个名字联系在一起的。不过在几十年之前，拥有一个私人天文台的海尔就曾经在克拉克公司买下了一台原来由密西西比大学所定制的折射光学天文望远镜。海尔听到克拉克公司拥有世界上口径最大的物镜镜坯这个消息以后，很快就决定一定要买下这两块巨大的透镜镜坯。

海尔 1868 年出生在芝加哥市内。在海尔出生后不久，他们一家就从城市搬到了郊区，因此躲过了 1871 年的芝加哥大火。海尔的父亲是纽约一个电梯公司的老板，经营一种新型的液压电梯。由于芝加哥的大火几乎烧毁了市区的全部建筑物。大火以后，大量新的摩天大楼的建设，就需要大量的电梯，这使海尔的父亲发了大财。

由于他家里的经济条件很好，加上海尔从小就爱好天文观测，他父亲专门买了一个天文台送给他儿子。在这个小天文台里就有一台原来为密西西比大学建造的口径 47 厘米折射光学天文望远镜。这在私人天文台中是十分罕见的。1892 年 24 岁的海尔从麻省理工学院毕业，他是典型的富二代，衣食无忧，也不想找工作。整天就专心地在他自己的天文台里鼓捣。

当时芝加哥大学正在起步阶段，芝加哥大学校长哈珀看中了年轻有为的海尔以及他所有的私人天文台，就邀请他来参加大学天文台的建设。在海尔面前，校长展现了他建设世界最大口径光学天文望远镜的宏伟蓝图。他希望海尔投身到这一振奋人心的工作之中。他仅仅给了海尔一个讲师职称和大学天文台台长的名誉职务，没有给他任何工资。海尔立即同意了这个邀请，还反过来把他的小天文台连同其中的 47 厘米口径的折射光学天文望远镜全都送给了芝加哥大学。

当时克拉克公司有两块南加州大学预定的 1.01 米直径的玻璃透镜镜坯。不过后来南加州大学没有能获得赞助经费，这使克拉克非常发愁。刚刚上任的海尔知道这个情况，他就策动芝大校长哈珀和他一起去游说当时在芝加哥城市铁路工程上发了大财的土豪大亨叶凯士。

海尔和哈珀结合在一起，可以说是一对举世无双的说客。他们是美国的两个苏秦。他们头脑灵活，能言善辩。他们对叶凯士讲，芝加哥大学所要建造的不是一般的光学天文望远镜，而是一台世界上口径最大的光学天文望远镜。如果叶凯士愿意捐款，那么这台世界最大的天文望远镜就会以他的名字来命名，这可以使他立即名扬四海。

如果这个事情早日确定下来，那么这台光学天文望远镜非常壮观的所有外部结构就可以赶在第二年，即 1893 年芝加哥举行的哥伦布世界博览会上进行展览。只要这台望远镜一展览，叶凯士的名声马上就会传播到整个世界。天下人无人不知你的大名和你的业绩。

叶凯士有了大量财富以后，所需要的正是自身的名誉。如果有了名誉，就可能带来更大的财富。他感觉投资这个工程确实非常容易使他出名，他不需要也并没有深入了解这个工程的具体细节，于是马上就表示要海尔直接把账单转给他。有了他的这句话，海尔和哈珀已经有了九成的把握。

海尔和哈珀也十分精明，这次谈话以后，他们立即将这个重要消息透露给当地媒体，第二天这个消息就登上了报纸的头条。这使得叶凯士很难再反悔。后来海尔列出了一个高达 30 万美元的望远镜制造的账单，叶凯士为这台口径最大的光学天文望远镜支付了现款。当他接到账单时，还大声地抱怨是海尔这个年轻人大大地斩了他一下。

叶凯士身处的那个时代和中国改革开放时代十分相似，经过独立战争和迅速的领土扩张，美国的经济获得快速的发展。当时规章制度不完善，发展和投机机会非常多。叶凯士本人出身平平，原来仅仅是一个在巴尔的摩经营债券的经纪人。在美国经济危机期间，债券严重贬值，因此他欠下不少债务，其中包括欠市政府的债务。因为这个原因，他被判刑 33 个月。坐牢 7 个月以后，他被市政府宽大释放。

从牢狱中释放以后他重操旧业。1886 年他看准了芝加哥城市铁路的价值。当时的股票非常便宜。于是他花了 150 万美元的白菜价购买了 2500 股，成为城市铁路的大股东。然后他又成立了一个北芝加哥城铁公司，并且发行了 150 万美元债券。这样他等于不花一分钱就获得了一个城市铁路公司。再然后他又把这个城铁公司出租给另外的一个公司进行经营，经营期为 999 年，而租金每年是 25 万美元，总的利润竟然高达 1200 万美元。叶凯士因此而成为富甲一方的大亨。不过叶凯士这个擅长投资的暴发户名声一直不好。

为了赶在第二年哥伦布博览会上展出这台世界上口径最大的折射光学天文望远镜的结构部分，海尔很快就和相关公司签订了结构部分的加工合同。迅速赶制这台望远镜的全部机械结构。1893 年 5 月，重量达 81 吨的望远镜的支架和长度 18 米的巨大镜筒代表了这台世界上口径最大的折射光学天文望远镜准时出现在芝加哥市的哥伦布博览会上。

在高大的展览厅中，这台巨无霸光学天文望远镜高高在上，俯视整个展览大厅的其他各种展品，占据了展览大厅的最高点，给人留下了很深的印象，产生了十分巨大的影响。不过非常不巧，这一年的 11 月，芝加哥博览会会场发生了一场严重的火灾。好在经过抢救，望远镜的全部结构幸免于难。这是光学天文望远镜第一次在世界性博览会上亮相，之后又发生了好几次大口径光学天文望远镜在博览会上亮相的情况。

图 58　1.01 米口径的叶凯士折射望远镜

当时老克拉克已经死去多年，1897 年在小阿尔万临死之前，这台口径 1.01 米的世界上现存最大的折射光学天文望远镜终于顺利建成，这就是位于威斯康星州的叶凯士光学天文望远镜（图 58）。这台望远镜巨大的消色差物镜的总重量是 225 千克。折射光学天文望远镜的透镜与反射光学望远镜的镜面不同，只能在它的周边支撑，而不能在它的背面进行支撑。所以随着望远镜口径的不断增大，透镜的自身重量的增加会引起透镜形状的很大变化。当年天文学家利克详细检查了这个巨大的物镜，发现在物镜组合中，两个透镜之间以及作为透镜组这个整体在望远镜转动时均在镜室内有着位置的相对移动，而望远镜的像质的变化正好和它们的相互移动量直接相关。这种移动的主要原因来自透镜体的变形，这是第一次大口径物镜的大小接近它的极限值。不过小克拉克仍然认为他们还可以制造出 1.52 米的更大口径折射光学天文望远镜，他的这个预言至今也没有获得证实。

克拉克公司所使用的光学检验方法十分类似于傅科发明的刀口检验方法，他分别在物镜的焦点前后对星像进行照相比较，优良的透镜将获得两个同样均匀的像斑。如果图像显示出不规则形状，透镜将被逐步地进行修正，直到图像变得完全对称。克拉克只要用他的大拇指抚摸透镜表面，就可以确定这个透镜表面是否光滑。他甚至可以感觉到玻璃表面的微小的不规则的位置，然后再进行局部修正。他的大多数消色差透镜常常包括一个对称的冕牌双凸透镜，而火石透镜的凹球面的曲率半径则略小于凸透镜的曲率半径，凹透镜的另一个凸面几乎是完全平坦的。这样即使双凸透镜的上下面互换，也不会影响物镜的性能。

图 59　目前世界上长度最长的阿肯霍尔德天文台折射望远镜

在叶凯士折射光学天文望远镜参加世界博览会后，1896 年德国柏林阿肯霍尔德天文台的当时世界上镜筒最长的折射光学天文望远镜（图 59）也参加了在柏林举办的世界工业博览会。这台望远镜口径并不是世界上最大，只有 68 厘米，但是它的焦距长达 21 米，目前仍然保持着折射光学望远镜中的世界第一镜筒长度的纪录，它的重量也是创纪录的 130 吨。这台望远镜在第二次世界大战中受到严重损害，1959 年又进行了重新整修，至今仍然可以正常工作。它的一个独特的别号是“天空大炮”。

几乎是在同一时期，法国的天文学家们也正在建造一台不太成功的 1.25 米口径的折射光学天文望远镜。1900 年法国巴黎天文台终于完成了这台巨大的折射光学天文望远镜（图 60）。它的镜筒长度达到了惊人的 57 米。由于这台望远镜的口径实在太大，望远镜的镜筒根本就不能够进行任何转动，所以它的超长的镜筒支撑在一组组的火车车轮之上，固定在地面上。天文观测只能通过由两个平面镜组成的定天镜指向不同的天区来进行。这台折射望远镜的完成正赶上 1900 年在巴黎召开的国际博览会。这台巨无霸望远镜在这届世界博览会上也引起了非常巨大的关注和反响。

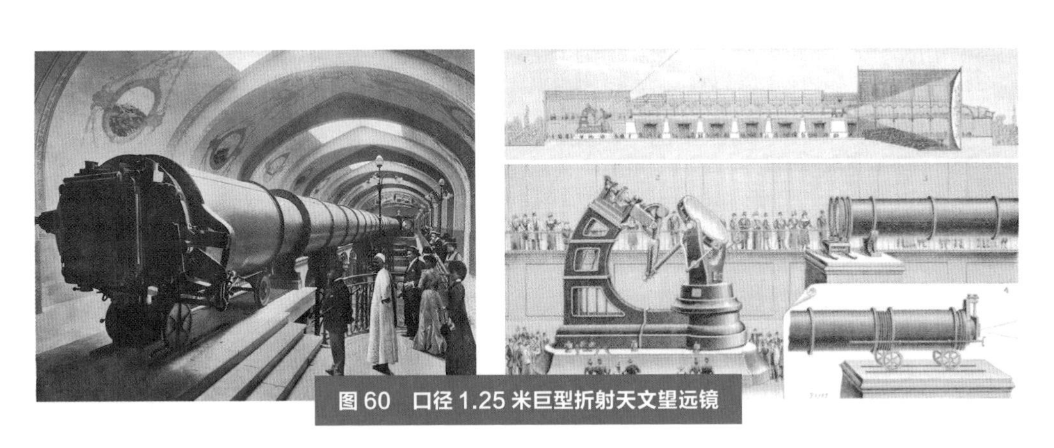

图 60　口径 1.25 米巨型折射天文望远镜

但是真正进行天文观测时，望远镜的效率很低，成像质量也不好。经过几年天文观测后，这台望远镜就被分解处理了。1.25 米巨型折射光学望远镜的故事和美国西弗吉尼亚州为一台从未建造成的 200 米口径的巨型射电望远镜的圆环形基础一样，最终成为科学家的美好梦想。

当时反射光学天文望远镜已经有了非常巨大的发展，所以也不再需要更大口径的折射光学天文望远镜了。在后来光学天文望远镜的发展中，只有一种具有很大视场的折反射光学望远镜的口径确实已经超过了 1.02 或者 1.25 米，分别达到 1.22 和 1.34 米。这是一种全新的望远镜，它包括一个很薄的大口径透射改正镜，被称为施密特大视场望远镜。这种望远镜将在本丛书后面的分册中加以介绍。

21

罗威尔天文台和冥王星的发现

1894 年，来自波士顿的一位地位显赫的富商罗威尔在干燥的亚利桑那州的北部建立了一个非常重要的天文台——罗威尔天文台。这个罗威尔不但十分富裕，而且来历不凡。他的弟弟担任了 24 年的哈佛大学的校长。他的夫人和卢瑟福家族也具有密切的血缘关系。

他当时建立天文台的目的是要研究火星。他本人对外星人有一定的研究。1895 年天文台安装了美国克拉克家族制造的 24 英寸（约 61 厘米）口径的光学折射望远镜。1928—1929 年天文台又安装了一台口径 13 英寸（约 33 厘米）的天文照相机。这是一个包含三片改正镜的反射系统，天体目标经过反射，形成 35 厘米长、42 厘米宽的天体图像，最后被纪录在照相底片上。利用观测得到的天体照

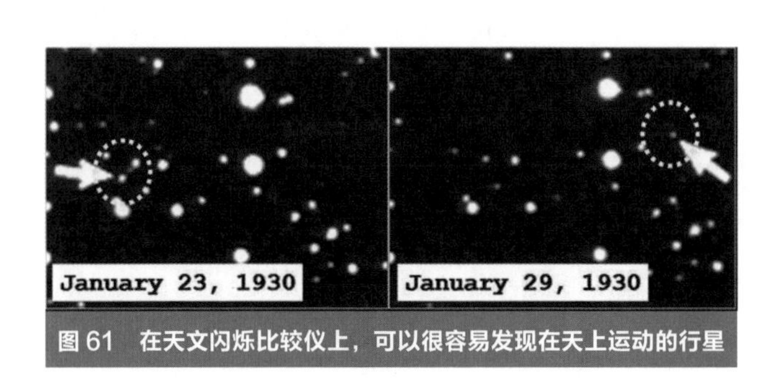

图 61　在天文闪烁比较仪上，可以很容易发现在天上运动的行星

片，通过天文闪烁比较仪便可以识别天上的行星（图 61）。

中国古代先民在仰望星空的时候，很早就发现有五颗星星是运动的。在先秦时期，他们把这五颗星分别叫作辰星、太白、荧惑、岁星、镇星。在五行观念产生并普及之后，这五颗行星又被改称为水星、金星、火星、木星、土星。后来在 1781 年赫歇尔利用他制造的光学望远镜又发现了天王星。1846 年英法两个天文学家用理论计算的方法，直接推导出另一颗新的行星——海王星。

1930 年 1 月底，海王星在恒星背景上的位置发生了很大的变化。罗威尔认为在海王星的轨道外面，也一定存在一颗没有被发现的行星。一个月不到，在 2 月 18 日，他的助手汤波就在一月份拍下的底片上获得了这颗行星，即冥王星的位置。从此冥王星就成为曾经的太阳系九大行星中最小也是最远的一颗。遗憾的是在这颗行星被发现后第 76 年，全球的天文学家们举行会议，经过讨论，又取消了它的行星资格。这是天文学历史中绝无仅有的事件。

这一事件的发端是 1992 年柯伊伯带内的一颗与冥王星质量相似的天体的发现，这颗冰制的天体和冥王星大小不相上下。2005 年，天文学家们又发现了一颗质量比冥王星大 27% 的天体——阋神星。阋神星的发现几乎决定了冥王星的厄运。这时天文学家们已经发现了数个和冥王星质量相似的天体，他们决定将行星的标准提高，将冥王星赶到行星的序列之外。

2006 年 8 月 24 日下午，在第 26 届国际天文联合会上，与会代表通过决议，以投票方式来决定是否将冥王星从行星之列中除名。当天的投票的结果是将冥王星划为矮行星，而新的行星的定义为：

1. 必须是围绕恒星运转的天体；

2. 质量必须足够大，来克服固体引力以达到流体静力平衡的形状（天体要近似于一个球体）；

3. 必须能够清除邻近轨道上的其他天体，即除了天然卫星和受它引力影响的天

图 62　太阳系的行星

体之外，公转轨道周围不能有与它大小相当的天体存在（冥王星不符合这一条）。

从发现冥王星，到将它开除出行星的序列，仅仅经历了 76 年，而它的公转周期是长长的 248 年。那么第九大行星究竟在哪里呢?

让我们回到一个世纪以前。那时人们已经知道太阳系有八大行星（图 62），它们几乎在同一个平面上绕太阳公转，行星轨道面与太阳赤道面几乎一致，彼此倾斜了几度。水星公转轨道所在平面倾斜最大，为 6.3 度，金星 2.2 度，火星 1.7 度，地球 1.6 度，土星 0.9 度，木星 0.3 度，天王星 1 度，海王星 0.7 度。

为什么出现这样的情况? 此事非常蹊跷。所以天文学家推测，在海王星轨道之外，一定存在着一个质量不那么小的第九个行星，在过去的 45 亿年缓缓对太阳系产生作用，拉拉扯扯，才能迫使整个太阳系变成现在的这个样子。这个“老九”的质量可能是地球的十倍，距离太阳约一百亿千米，公转周期一万到两万年。

它很远、很暗、很难找到，但是，总有一天天文学家会找到它……遗憾的是，冥王星太小，没有资格来填补这个空缺。

22

玻璃镜面反射光学望远镜

一直到 19 世纪，反射光学天文望远镜的镜面主要还是使用青铜合金材料制成的。这种合金材料的镜面很重，反射率很低，表面又容易氧化，所以需要不时地进行重新抛光。由于天气潮湿，1868 年制造的澳大利亚大墨尔本 1.22 米反射光学天文望远镜的青铜镜面刚使用不久，表面就很快变黑了，因此这台大口径望远镜几乎成为一个摆设。由于这台望远镜的教训深刻，自此以后，就没有人再使用金属镜面来制造天文光学望远镜了。

在 19 世纪后期，玻璃制造家用镜面的技术已经十分成熟。玻璃镜面的重量是金属镜面的三分之一，而且价格比金属镜面更加便宜。早年牛顿在发明反射光学天文望远镜时，就曾经考虑过使用玻璃材料制造反射镜面。当时玻璃镜面的反射层是镀在玻璃的后面，而牛顿对于透射所引起的色差太敏感，所以他就没有选用玻璃材料来制造反射镜面。

在玻璃的上表面镀上薄薄一层银的技术是在 1856 年由傅科发明的。银反射面反射率很高，氧化变色以后还可以再次进行抛光，或者重新镀银。当年玻璃镀银镜面就已经用于天文光学望远镜的制造中。

1862 年一台口径 39 厘米的玻璃镜面反射光学望远镜制造成功。1872 年口径 77 厘米的玻璃镜面望远镜制造成功。1877 年，口径 1.2 米的玻璃镜面望远镜制造成功。到这时，在反射光学天文望远镜的制造中，玻璃镜面已经完全替代了金属镜面。

19 世纪，英国出了一位望远镜专家，他的名字叫卡门。卡门诞生于 1841 年。他的父亲是外科医生，很早就去世了。卡门从小就热爱天文学，是一名重要的天文爱好者。30 岁时，他使用一台 13 厘米的折射光学望远镜获得了月亮和行星的照片。1876 年他成为英国皇家学会的成员，同年开始设计和制造天文望远镜。他试图自己磨制一块 44 厘米的镜面，后来半途停止抛光，直接从光学公司买了一块 46 厘米的镜面，组装了自己的望远镜（图 63）。1879 年他又购买了一块 91 厘米的镜面，组装了又一台望远镜（图 64），这台望远镜的像质非常好。1884 年卡门利用这台望远镜拍下一张蟹状星云的照片，照片获得了皇家天文学会金奖。1885 年，他将这台光学天文望远镜卖给了政客爱德华·克罗斯利。

图 63　46 厘米玻璃镜面望远镜

克罗斯利是英国某木材公司老板的儿子。他的妻子是利兹报业大亨及市议员的女儿。克罗斯利后来成为县议员和一个小城市市长。1867 年他建立了私人天文台，拥有一台小口径光学天文望远镜，并因此成为英国皇家协会会员。他的私人天文台雇用了两名天文学家进行观测。1879 年他的天文台雇员和另外一人合作编写了一本十分有名的双星手册。1885 年他从卡门手中购买了 91 厘米光学天文望远镜。1894 年他的私人天文台关闭，次年他将 91 厘米卡门望远镜捐赠给利克天文台，

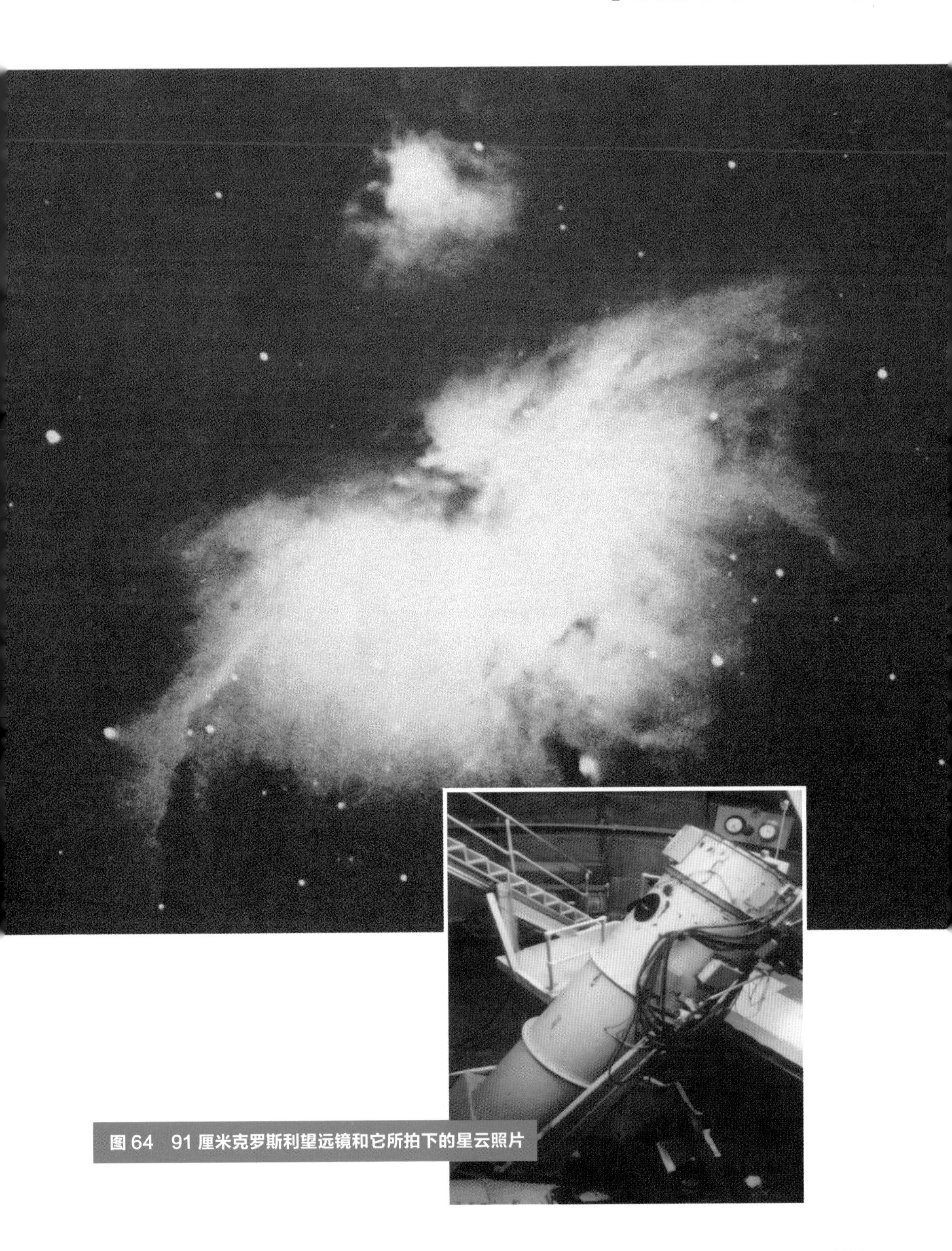

图 64　91 厘米克罗斯利望远镜和它所拍下的星云照片

该望远镜又被称为克罗斯利望远镜。

1885 年卡门又制造了一台 1.52 米玻璃镜面光学望远镜。因为镜面材料质量的原因，这台望远镜像质很差，星像呈椭圆形。1890 年他又重新磨制了第二块镜面，这块新镜面没有中心孔，所以他使用一面 45 度小反射镜将焦点引出主光路，形成了一个内史密斯焦点。这时伦敦天空已经不适宜于任何天文观测。

1933 年卡门去世以后，哈佛学院天文台购买了这台光学天文望远镜。镜面又经过重新磨制，现在成为 1.5 米波尔登反射光学望远镜，也被称为 60 英寸洛克菲勒望远镜。卡门生前曾经磨制过一些大口径光学平面镜，他是光学平面镜磨制的第一人。

1896 年，在美国，28 岁的海尔已经成为了太阳领域的知名天文学家。他获得了他父亲的一份十分贵重的生日礼物，这是一块由法国玻璃公司生产的 1.53 米光学望远镜的玻璃反射镜镜坯。这块镜坯厚 19 厘米，重量 860 千克。在当时，口径最大的光学天文望远镜是 1.84 米罗斯望远镜。但是罗斯望远镜采用的是青铜合金镜面，星光损失很大，加上地处潮湿的英国，它为天文学所做出的贡献微乎其微。所以海尔一心想利用这块玻璃来制造一台世界上口径最大、性能最好的玻璃镜面光学天文望远镜。

1903 年他访问了加州南部威尔逊山天文台，立即就被这个新天文台的优良台址所征服。这个台址海拔高度 1700 米，大气宁静度很小，是他所见过的条件最好的台址。

海尔在芝加哥大学的经历使得他成为了一个十分成功的说客，他这次又说服了著名的卡内基基金会，从基金会申请到了一大笔制造 1.53 米反射光学望远镜的建设费用。利用他自己的大玻璃镜坯，1907 年 1.53 米口径的抛物面反射镜面磨制成功。以往玻璃镜面都是用氧化铝磨料来磨制，氧化铝硬度低，磨制速度慢。在磨制这块镜面时，海尔已经有了磨制效率很高的碳化硅磨料。碳化硅硬度高，效率要比氧化铝磨料高上 6 倍左右。

1908 年口径 1.52 米的反射望远镜在加州威尔逊山顶落成。这是一台在所有光学天文望远镜中综合光学性能最好，台址也是最好的光学天文望远镜。这台望远镜第一次特别安排了一个位置固定的，位于望远镜地下室内的折轴焦点。折轴焦点是通过两面平面镜的反射将焦点转移到位于望远镜下方的极轴延长线上，在这个位置上星像位置不随望远镜指向的变化而变化，同时有足够的空间可以进行分光或者其他的光学分析工作。

这台望远镜的主要赞助人是卡内基。这是美国的大名人。1835 年卡内基出身于苏格兰一个织布工人家庭。因为饥荒，全家移民到了美国。13 岁时，他就在工厂做童工，工资每星期仅 1.2 美元。15 岁时他进入电报局工作，工资一星期 2.5 美元。他利用免费图书馆自学，掌握了一种通过听声音来直接翻译电文的技术。18 岁时他进入宾夕法尼亚铁路公司，并晋升为部门主管。因为有公司老板斯考特及州长的内部消息，他投机股票发了大财，积累了大批资金。

1861 年在州政府任职的斯考特将卡内基提升为战备部副部长，负责战时铁路运输。1864 年他投资石油，获得巨大利润。当时对钢铁需求量很大，他在这方面所做出的投资比石油更加成功。到 40 岁时，卡内基已经是百万富豪。51 岁时，他和一名 30 岁不到的女子结婚，11 年后有了第一个女儿。这时他已经是美国的钢铁大亨。他的钢铁厂是美国最大的钢铁厂。通过兼并，1892 年他成立卡内基钢铁公司，1901 年成立美国钢铁公司。他的整个公司的资产超过 10 亿美元。卡内基的股份当时大约是 2.2 亿美元。

1902 年他花费 200 万美元建立卡内基研究院，这个研究院资助了海尔的 1.53 米反射光学天文望远镜的建设。后来他的基金会又一次资助了海尔所主持的 2.5 米胡克反射光学天文望远镜的建设工程，1917 年这台口径更大的光学天文望远镜建成。卡内基于 1919 年去世。到去世为止，他一共捐出 3.5 亿美元。不过他的财富积累和工人的贫穷潦倒形成强烈对比。当时他的钢铁公司拥有 60% 的利润增长，但是他的工人却为 30% 工资增加而举行罢工。在罢工期间，政府采用武力镇压，造成了十分严重的流血惨案，有十多名工人被政府镇压致死。

图 65　加拿大 1.83 米反射望远镜

1918 年加拿大在温哥华岛建成了一台口径 1.83 米的反射光学天文望远镜（图 65），它的口径超过了海尔主持的 1.53 米的反射光学天文望远镜。这台望远镜第一次使用了最新发展的玻璃镀铝的镜面，它的反射率比镀银的表面更高，更稳定。尽管台址条件并不是太好，但这台望远镜仍然是一台非常好的观测仪器。

23

胡克光学天文望远镜

早在加拿大光学望远镜建成之前，海尔就已经在策划一台更大口径的反射光学天文望远镜了。他最初的目标是一台口径 2 米的反射光学望远镜。为了募集建设望远镜所需要的资金，海尔将说服的对象锁定在同样是钢铁大王的胡克和卡内基基金会上。

胡克是胡克钢铁公司总裁，他对于科技项目十分支持，并曾在加州科学院任过职。他很快就答应为这台世界上口径最大天文望远镜捐出 4.5 万美元，用于购买一块口径 2.1 米的玻璃镜坯。而卡内基基金会则可以承担天文望远镜制造和天文台的其他开支，最后总共捐赠了大约一千万美元。

有了这些捐赠的资金后，海尔改变了计划，将望远镜的口径增大。他使用胡克的捐款定购了一块口径达 2.54 米的镜坯。尽管胡克没有为这台光学望远镜提供全部经费，望远镜的名字仍然使用胡克的名字。胡克于 1911 年去世，他的遗产高达 200 万美元，后来他又捐出 10 万美元给了威尔逊山天文台。

1906 年法国圣戈班玻璃公司接受了浇铸这块巨大玻璃镜坯的任务，他们花费了两年时间。当望远镜第一块镜坯抵达美国加州后，一打开包装，海尔就发现这块镜坯已经分裂成了三片薄薄的玻璃片。原来这个玻璃公司的炉子不够大，整个镜坯是通过三次浇铸成型的，所以在层与层之间的连接十分不可靠。为了重新浇铸这么大的一块镜坯，玻璃公司改进了熔炉的容量，彻底熔合两块大镜坯后，再重新加温熔化才最后成型。尽管这样，第二块镜坯仍然在冷却时发生爆裂。在第三块镜坯重新熔合以后，玻璃镜坯经过了长达一年的缓慢降温过程，才使得玻璃没有任何开裂的缺陷。最后所获得的镜坯重量达 4 吨，是当时世界上尺寸最大、重量最重的玻璃坯料。

1918 年这台当时世界上口径最大的，2.54 米天文光学望远镜顺利建成（图 66）。海尔和他的同事亚当斯兴奋地爬上望远镜的主焦点，去观察进入 2.54 米光学天文望远镜的第一束光线。他们打开圆顶，将望远镜对准了明亮的木星，然后海尔很快蹲下，通过目镜观看焦面。他看着看着，一言不发，脸部露出十分惊恐的表情。亚当斯随后也通过目镜观察，表情和海尔一模一样。他们被看到的景象吓坏了。在目镜里层层叠叠一共有六七个星像，而不是只有一个星像。在这种情况下，可以做的只有一件事，就是上床休息。到第二天的凌晨 2 点半，海尔又重新回到了观察室，这时亚当斯也早早到了。由于木星已经下沉，他们将望远镜对准了织女星。海尔简直不敢去看。他再次蹲下，朝目镜看去，突然发出了一声惊呼，望远镜在镜面玻璃温度均匀以后，像质十分清晰明亮。原来在圆顶打开以后，需要很长的时间才能使这块巨大的实心镜面的玻璃温度完全达到均匀一致。这块镜面的玻璃材料是冕牌玻璃，它的热膨胀系数大约是百万分之八。这是使用冕牌玻璃浇铸的世界上半径最大的一块玻璃。要解决膨胀所引起的镜面变形问题，可以使用当时新研制的具有低膨胀系数的硼玻璃材料。硼玻璃材料的膨胀系数是百万分之三左右。

这台光学天文望远镜的光学性能远远超过了海尔已经完成的 1.52 米反射光学望远镜，又一次成为性能最好，世界上口径最大的反射光学天文望远镜。这台望远

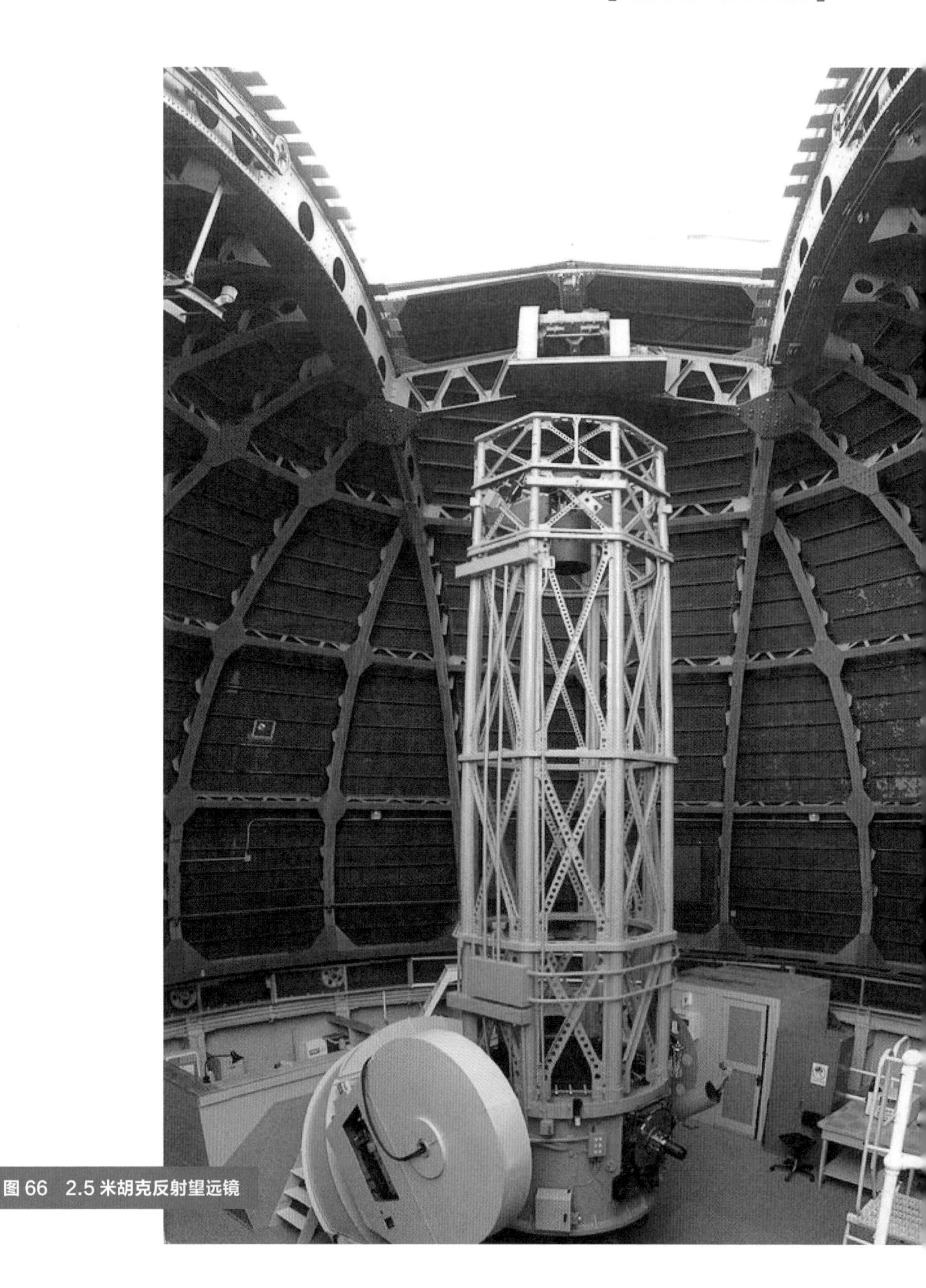

图 66　2.5 米胡克反射望远镜

镜同样采用了赤道轭式的支撑系统。它的极轴通过一个摆钟机构带动，仅仅摆钟的动力重槌就重 1.8 吨。在镜面的侧支撑中，它首次采用了一种全新的用水银环袋来围绕在主镜边缘的方法。这样当镜面倾斜时，整个镜面就像漂浮在水银溶液之中，在直径方向受到非常均匀的浮力。玻璃镜面的表面是化学镀银的反射面。1935 年望远镜镜面改为真空镀铝的表面。新的镀铝表面具有高达 50% 以上的光反射率。这种新的镀铝方法是 1934 年才刚刚发明的。

在胡克天文望远镜上进行的最重要的一项天文观测是麦克尔逊的天文光学干涉仪实验。这是在天文学上第一次利用光的干涉方法来获得天体精细结构的尝试。1920 年，佩斯在胡克望远镜上利用两面相距 6.1 米的 45 度平面镜和另外两面固定在望远镜镜筒前端的平面镜所构成的潜望镜的形式，第一次实现了对恒星直径的麦克尔逊干涉测量，从而发现红巨星的直径是太阳直径的 350 倍。经过一个世纪的技术发展，光学天文干涉仪已经取得了突飞猛进的进展，获得了毫角秒级别的角度分辨率。所谓 1 毫角秒，就是 1 角秒的千分之一。

利用这台光学天文望远镜进行的诸多工作中，对现代天文学具有十分重要意义的是天文学家哈勃的关于宇宙不断膨胀事实的重要发现。哈勃出生于 1889 年，少年的哈勃是一个体育很好的学生，1910 年他从芝加哥大学毕业。因为父亲的意愿，他又到牛津大学学习了三年法律。留学回美国以后，他对律师工作仍然不感兴趣，所以就在一所高中教书。他教授数学、物理和西班牙文。25 岁后他再次回到芝加哥大学当天文系的研究生，并于 1917 年获得博士学位。当时正当第一次世界大战，他参军服役两年，然后在海尔属下的威尔逊天文台获得了一个职务。

1919 年胡克 2.54 米光学天文望远镜建成，哈勃作为天文台成员，有很多机会去使用这台威力强大的光学天文望远镜。当时人们普遍认为：整个宇宙由单一的银河系组成。1922 至 1923 年，哈勃在一些星云，比如仙女座星云中找到了一些造父变星，然后根据拉维特的变星周期和亮度的比例关系计算了变星的绝对亮度，再根据视亮度和距离的关系计算得到这些变星和我们地球的距离，并发现这一距离远远超过整个银河系的范围，这些天体属于银河系之外的其他星系。

尽管当时的天文权威并不同意这种观点，35 岁的哈勃在 1924 年 11 月 24 日首先在纽约时报上发表了他的新发现。1925 年 1 月他又在美国天文学会上报告了他的发现。他的观点彻底地改变了宇宙学研究的范围。哈勃的另一个成就是他同时发现距离越远的天体的光谱红移越大。虽然这个关系有一点发散，但是他通过测量 46 个河外星系的红移值，发现这些天体的向外移动速度和它们的距离比是一个常数。这个常数称为哈勃常数，现在测定的数值大约是 70 km/(s · Mpc)。Mpc 是一个天文上很大的长度单位，1 Mpc 等于 326 万光年。这个常数在当年的数值比实际值大了很多，主要是因为他对天体距离的测量有很大误差。不过这个不断膨胀的宇宙正是爱因斯坦广义相对论当时非常需要的结果。

1927 年天文学家根据这个观测结果提出了有名的宇宙大爆炸理论。1948 年海尔 5 米光学天文望远镜建成。仅仅几年后，哈勃就在 1953 年因脑血栓去世。据说爱因斯坦曾经见过哈勃，并向他宣传过宇宙膨胀的理论。

哈勃和海尔一样，一生获得过很多奖项，但是却与诺贝尔奖无缘。为此这两个大名人生前都曾经大力开展公关活动，力图获得诺贝尔物理学奖，不过这些活动始终没有获得效果。那时诺贝尔奖一直排斥天体物理学家。这种现象一直到 1974 年才得到改变，那一年诺贝尔物理学奖颁发给了两位射电天文学家。顺便提一下，2011 年诺贝尔奖颁发给了三个美国的天文学家，他们的贡献是利用 Ia 型超新星作为一种新的天体标准烛光，并证明了宇宙不仅在膨胀，而且是在加速地膨胀。详细的信息会在丛书后面的分册介绍。

随着反射光学天文望远镜镜面玻璃口径和厚度的不断增加，望远镜镜面的温度变形越来越明显。当时望远镜圆顶设计并没有提供降温或调节温度的设备，所以在晚上开始观测时天文望远镜的镜面形状在很长时间范围内都不会稳定下来。这主要是因为普通玻璃的热膨胀系数较大，大约为每摄氏度变化 8×10^{-6}，在镜面散热的时候，镜面内部温度梯度增加，镜面表面形状就会发生变化。所以天文学家迫切需要膨胀系数更低的光学望远镜镜面材料。

1893 年德国肖特玻璃公司发明了一种能经受温度激烈变化、低膨胀系数的含有硼的玻璃材料（商品名为 DURAN）。这种硼玻璃的膨胀系数大约是每度 $3\text{X}10^{-6}$，为一般玻璃材料的三分之一。

1908 年美国康宁玻璃公司也成立了公司内部的玻璃研究实验室。实验室的主要任务就是试制能够抵抗高温的灯具玻璃。当时火石玻璃是用沙子、苏打和石灰熔炼而成的。它的热膨胀系数大，导热也差，这种玻璃主要用来制造容器和窗户。他们在实验室内试验了一种含硼硅化合物的玻璃。他们用硼砂代替石灰，再加入少量铝矾土，从而获得了一种膨胀系数低、热传导系数高的玻璃。当时这种玻璃主要用于在那时十分通用的柴油路灯的灯罩和汽车电池的容器。这种玻璃的商品名叫诺耐克斯（Nonex），它是派热克斯（Pyrex）的前身。

诺耐克斯玻璃的热膨胀系数虽然低，但玻璃中含铅，它仍然不能经受高温和温度的激烈变化。在排除其中的铅元素后，他们发现这种低膨胀的硼玻璃可以直接应用于烹调之中。1913 年，康宁公司将一批供实验的玻璃厨具无偿赠送给费城烹调学校去进行测试，测试结果非常令人满意。1915 年这种用派热克斯玻璃制成的厨具就已经在美国波士顿上市，并受到了市场的热烈欢迎，一下子卖出了几百万个。

另外膨胀系数更低、但熔化温度非常高的熔融石英材料在当时也已经开始出现。这种熔融石英材料适宜于温度很高的工作环境。

1933 年美国康宁玻璃公司生产了有史以来第一块派热克斯玻璃镜坯。镜面直径 1.9 米，厚度 0.3 米，重量达 2 吨。英国望远镜公司在 1935 年用这块镜坯为加拿大邓拉普天文台建成了一台 1.88 米反射光学天文望远镜（图 67）。这台望远镜的总重量是 25 吨，于 1935 年正式投入使用。至今它仍然在正常工作，依然还是

图 67　加拿大 1.88 米邓拉普反射望远镜

加拿大口径最大的全天区天文光学望远镜。

1935 年康宁公司为后来的 5 米海尔望远镜浇铸了口径 5 米的光学望远镜镜坯。他们吸取了 2.54 米胡克望远镜镜面温度效应的教训，在 5 米镜面的背面预先浇铸了很多减少镜面重量，同时也减少镜面温度时间常数的减重孔，以改善镜面的热性能。

在前面章节中已经分别介绍了英国、法国、美国、俄罗斯、日本等国国家天文台的成立时间，那么中国的现代国家天文台是什么时候建立的呢？正确的答案是：1934 年中国国家天文台——紫金山天文台在当时的首都南京正式成立。

中国古代几乎每朝每代均设有古天文台，早在公元前 21 到 16 世纪的夏朝，就有了被称为灵台的古天文台。周朝有著名的周公测景台，这个天文台远远早于位于中东地区的亚历山大天文台（公元前 3 世纪）和伊巴谷的罗德岛天文台（公元前 2 世纪）。春秋时期有观台，后来在明朝有观星台，清朝有观象台。在 20 世纪，我国开始建立一些现代天文台。

由于种种原因，中国现代天文台起步很晚。1900 年在传教士主持下，上海佘山天文台建立。1934 年紫金山天文台建立，1938 年云南昆明凤凰山天文台成立，1958 年北京天文台建立，1962 年上海天文台建立，1972 年在凤凰山天文台原址上建立了云南天文台，2001 年北京天文台被国家天文台取代，2011 年新疆天文台建立。长期以来，中国大学只有三家设有天文系。这三家分别是南京大学、北京大学和北京师范学院。现在国内开设天文系的大学已经有几十个。现代中国的天文研究机构正在迈向世界。

1910 年，佘山天文台有一台 0.4 米折射光学天文望远镜。1935 年紫金山天文台向德国蔡司公司购买了一台 0.6 米反射光学天文望远镜（图 68）。这台仪器造价为国币 12.2 万元，是当时远东地区口径最大的天文光学望远镜。同时购买的还有 0.2 米，0.135 米和 0.1 米的折射光学望远镜。0.6 米光学望远镜因为抗日战争一直到 1945 年才最后安装完毕，在新中国成立以后才开始正式使用。

图 68　1935 年亚洲最大的紫金山天文台 0.6 米蔡司反射光学望远镜（在圆顶内和在蔡司公司内）

24
施密特望远镜的发明

进入 20 世纪，天文学的前沿变成对宇宙的研究。宇宙学的研究牵涉的课题常常需要分析大样本的数据，所以需要望远镜有较大的视场。而传统的光学天文望远镜，不管是折射光学望远镜还是反射光学望远镜，可以利用的视场都非常小。这是因为当星光偏离望远镜光轴后，其所成的像就十分模糊。反射光学望远镜的主镜一般是抛物面，对于和光轴平行的光线，镜面是绝对对称的。但是对于偏离光轴的平行光线，光学系统的对称性就不再存在，所以会形成具有彗差和像散的光斑。和球差与色差一样，彗差和像散也是光学系统的两种常见像差。对于折射光学系统，同样存在各种各样的像差。

对于一个点光源，理想的高斯光学系统将会在它的像空间形成一个明锐的点像。但是在实际光学系统中，所成的像常常是一个光斑。这种实际像斑和理想点像之间的差别就称为像差。像差主要包括球差、彗差、像散和场曲等。球差是球面反射面或者折射面所固有的像差，它是由于不同半径的光线具有不同的焦点所引起的。彗差像斑呈三角形形状，顶部小而明亮，尾巴大而模糊。像散则是由于在两个互相垂直的方向上系统的焦距不同所引起的像差，像散常常呈椭圆形的星像。场曲则是不同焦点所构成的焦面不在一个平面上所引起的。由于存在像差，一般望远镜的视场都比较小，大概只有几个角分。

早期，天文学家用眼睛在望远镜上直接观测，这种观测对视场大小的要求低。但是当照相底片在天文望远镜上广泛应用以后，为了提高效率，天文学家就希望有一种可以覆盖较大视场的天文光学望远镜。这样，一次天文观测就可以获得很大天区内所有恒星的基本信息。望远镜获得较大视场的方法包括设计特殊的望远镜光学系统，修正并优化反射面形状，使用像场改正镜。1930 年一位爱沙尼亚出身的俄罗斯人发明了一种满足这种天文对大视场需求的光学望远镜，这就是施密特望远镜。

光学专家施密特 1879 年出生在爱沙尼亚一个小岛上，当地人除了会说爱沙尼亚语外，常常能说瑞典语，不过施密特还能够说德语。身为家中长子，他有两个弟弟和三个妹妹。幼年的施密特非常聪明，他甚至用买来的透镜组装了一台自己的照相机，以研究学习摄影技术。15 岁时他专心研究火药，一次意外引发的爆炸使他失去了整个右臂。这次事件的发生使他的性格变得十分内向，但意志变得非常坚强。遭受了这样的挫折，他仍然继续对照相术进行研究。

1901 年 22 岁的施密特从家乡来到德国，他先后在两所大学专门学习工程知识，并钻研光学技术。当时他的大学中有十分著名的光学专家斯特尔。很快他学会了光学镜面的磨制。1904 年他所磨制的光学镜面就已经受到专业天文学家瓦西的注意。后来施密特创办了私人光学公司。到 1914 年，他的公司已初具规模，磨制了一批质量很高的天文望远镜透镜和镜面。他曾经为波斯坦天文台磨制 50 厘米口径的物镜。施密特雇了几个工人，甚至拥有自己的私人汽车。在那个年代，拥有小汽车可不是一般中产阶级家庭能够办到的。他利用自己制造的一台位置固定、水平放置的长焦距反射镜和一面可以旋转的定天镜，获得了非常清晰的太阳、月亮和行星的照片。这样的仪器深深吸引了汉堡天文台台长的注意，他很快购置了一套同样的水平式天文望远镜。

德国是第一次世界大战的参与国，世界大战的爆发使施密特的生意全部停顿下来。因为他来自俄罗斯，所以被德国人作为敌对国人质关进集中营，在那里度过了半年时间。从集中营释放后，因为德国科学研究单位没有任何经费，所以公司生意十分萧条。不得已他只好将光学加工设备作为废钢铁出售，他穷困潦倒，完全破产。在走投无路的情况下，1926 年他向汉堡天文台台长求救。当时的汉堡天文台经济也十分困难，台长表示只能为他提供免费住房，付一部分钱专门用于水平式天文望远镜的维修工作。当年，施密特没有接受这个条件。不过随着时间迁移，他的生活变得越来越困难。第二年，他仍然毫无出路，只好同意了天文台台长的条件。

从 1927 到 1929 年这三年间，施密特一直在汉堡天文台地下室工作。在那里，施密特建成了天文台的维修车间，并开始修理水平式天文望远镜。他也参加了天文台组织的两次日全食现场观测活动。就在他去菲律宾进行第二次日全食观测时，施密特公开了他一生中最重要的发明，这就是施密特大视场望远镜的设计。

一台普通的天文光学望远镜，投资不小，但是只有 0.1 度左右的视场大小。在视场的边缘，星像就受到彗差和像散的影响，像差很大。早在施密特进入汉堡天文台时，他就开始考虑设计大视场光学望远镜的各种方法，并至少已经获得了一种设计的新方法，但他没有采用。直到最后他研究出了一种全新的、革命性的新设计。

在这种设计中，施密特使用了球面主镜，而不是通常的抛物面主镜。同时在球面镜的球心位置上，加上一个挡光的圆孔，在光学上称为光阑。这样整个光学系统对各个方向上的入射光来说，基本是完全对称的，从而消除掉了彗差和像散的影响。为了消除球面主镜的球差，施密特在它的光阑上加上一个厚度很薄、曲率小的非球面透明改正镜。改正镜形状比较复杂，它的中心凸起，边缘凹进去。这个非球面改正镜正好产生一个和球面镜相反的球差。两者抵消，就获得了一个没有球差，没有

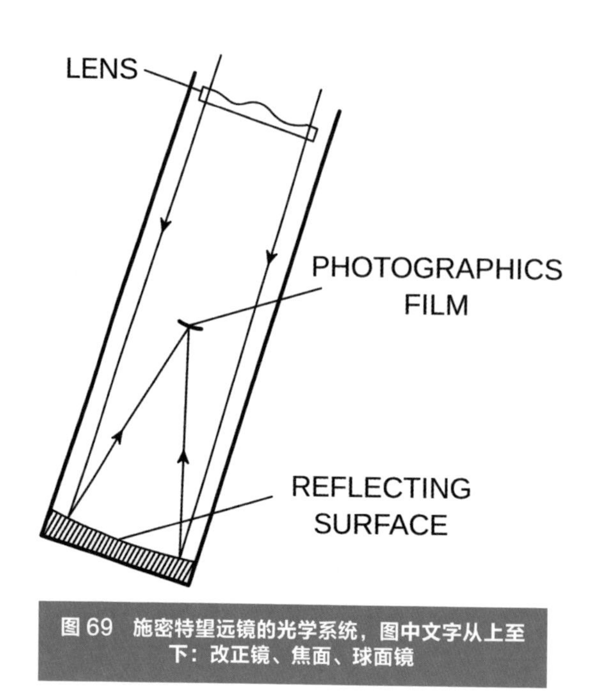

图 69 施密特望远镜的光学系统，图中文字从上至下：改正镜、焦面、球面镜

彗差，没有像散的大视场光学系统，称为施密特光学系统（图 69）。采用这种特别系统的光学望远镜的视场可以达到近 5 度，被称为施密特望远镜。

1930 年他制造出世界上第一台 36 厘米口径的施密特望远镜，采用的焦比是 1.75。这台重要的施密特望远镜现在就放置在汉堡天文台博物馆中。施密特望远镜是一种非常独特的光学望远镜，它既有反射镜，又有折射透镜。在磨制球差改正镜的时候，施密特采用了非常特殊的真空吸附盘的方法。这种方法现在被称为应力抛光法，在特大口径拼合镜面望远镜的子镜面加工中发挥了非常重要的作用。

施密特望远镜的发明并没有给这个单身的独臂天才带来任何好运。当时西方世界正处在大萧条时期，没有一个天文台有多余的经费来采购这种全新的大视场光学天文望远镜。施密特在汉堡天文台的处境依然和从前一样。1935 年，年仅 56 岁的施密特身患肺病，不治身亡。

施密特望远镜发明后不久，1940 年苏联光学专家马克苏托夫又发明了一种新的球差改正镜片，这是一种厚度比较大的等厚新月形透镜，这个透镜所产生的球差正好补偿了球面主镜所产生的球差。不过这种改正镜厚度比较大，所以改正镜的尺寸不可能很大。马克苏托夫的大视场望远镜在专业天文学上影响较小，只应用于业余光学天文爱好者的光学望远镜中。

马克苏托夫1896年出生于临近奥德赛的尼可拉叶城，他的父亲是沙皇时代黑海舰队的军官，他的曾祖父也是一名军人，曾经因为在战争中十分勇敢，而被授予王子的称号，成为贵族的一员。他的祖父在1867年美国以2美分一英亩的价格向俄罗斯购买阿拉斯加时任阿拉斯加的总督。1913年他从贵族子弟学校毕业，进入军事工程学院学习。一年后，因为第一次世界大战，学校停止课程，他被派到前线战斗。他担任无线电发报员，后来晋升为少尉。1916年，他志愿加入飞行学校。在训练中，飞机失事，他从60米的空中掉下来，侥幸生还。马克苏托夫在医院一直住到1917年10月革命以后。他当时想从中国移民到美国，曾经到达哈尔滨，但是由于缺少资金，只好放弃。当时他的父亲和弟弟均移民到了美国，住在长岛，多年以后也死在美国。

马克苏托夫少年时代就爱好天文，他拥有一台150年前多隆德制造的折射光学望远镜。15岁的时候，他开始自己磨制18厘米的反射镜面，很快成为俄罗斯天文学会的会员。1919年，他进入托木斯克技术学院，一边教物理，一边学习光学。学院的一个教授发现他的才能后，介绍他进入国家光学研究所，从事望远镜的研究工作。因为他的母亲仍然在奥德赛，1927年，他进入奥德赛州立物理研究所。1930年2月，他受到大清洗的影响，被捕入狱，两个月以后获释。在那之后，他重新回到国家光学研究所。1932年，马克苏托夫独立地设计出了消球差、彗差和像散的反射光学望远镜系统。同时他主持制造了0.8米的望远镜物镜。1941年德国进攻苏联，国家光学研究所向东部西伯利亚地区转移。正是在转移期间，他发明了前端有等厚新月形透镜的马克苏托夫光学系统。依靠计算尺和表格，他亲自设计了几百台光学系统。第二次世界大战以后，马克苏托夫回到列宁格勒，发表了有名的《天文光学》专著。他还发明了医疗用的胃镜的光学系统。1952年，马克苏托夫转移到普尔科沃天文台，参加了6米地平式望远镜的工作。他两次获得斯大林奖章，死于1964年。他是中国工程院院士潘君骅的导师。

1936 年，美国帕洛玛天文台制成了一台 40 厘米施密特望远镜。12 年后，又制成一台口径 1.22 米施密特望远镜（图 70）。1954 年，德国汉堡天文台制成一台 80 厘米施密特望远镜。1960 年，德国施瓦西天文台制成一台口径最大的 1.34 米施密特望远镜。1971 年，欧洲南方天文台制成一台 1 米施密特望远镜。1973 年，英国澳大利亚天文台制成了 1.2 米施密特望远镜。2006 年，中国紫金山天文台建成了 1.05 米的施密特望远镜。

图 70　美国帕洛玛天文台的 1.22 米施密特望远镜

2008 年中国国家天文台建成了一台 4 米反射式拼合镜面施密特望远镜，命名为郭守敬望远镜。它和一般的施密特望远镜有很大的不同。第一它的球面主镜是固定的，而球差改正镜是反射式的。同时它的这两个镜面都是拼合镜面，反射式改正镜在跟踪恒星时，改正镜表面形状必须随改正镜的位置改变而改变，所以望远镜采用了主动光学的新技术。

2009 年开普勒天文卫星上也装载着一台 0.95 米施密特望远镜。这些大视场望远镜在天文学研究中发挥了十分重要的作用。一直到 21 世纪初，施密特望远镜仍然是唯一的大视场望远镜的选择，直至现在成功地发明了三镜面大视场望远镜和大口径非球面大视场改正镜。

25

海尔 5 米天文望远镜

天文学家海尔在天文望远镜的发展历史中取得了一个又一个骄人的成绩。他先后四次完成了世界上口径最大的折射或反射光学天文望远镜，它们分别是 0.9 米和 1 米折射光学天文望远镜、1.5 米和 2.54 米反射光学天文望远镜。经过这个过程，他已经成为天文望远镜领域非常有名的权威人士。1902 年他当选为美国科学院院士。1904 年他提议成立太阳研究国际联合会，1910 年这个组织又包含了天文学的其他学科。1918 年他提议成立国际研究委员会，在这个组织之中的下层，成立了有名的国际天文学会。海尔同时是刚建立的加州理工大学的最早的成员。在美国海尔的事迹已经被写入教科书，被形容为美国的科技英雄。

在 2.54 米胡克光学天文望远镜建成以后，海尔就决心要建造口径更大的光学天文望远镜。一开始他的目标是建造一台口径 7.62 米的光学望远镜。这个尺寸是胡克望远镜的三倍，目标显然是太高了，所以他后来将这个尺寸改成 5.08 米。为了建成这台世界上口径最大的光学望远镜，他重新进行台址选择工作，确定了比威尔逊山更南的，大气条件更为优越的帕洛玛山区。这里远离人口集中、大气条件不好的洛杉矶城市，在当时天空的背景十分暗淡。

1928 年海尔在天文刊物上发表了一篇论证更大口径光学天文望远镜可能性的论文。同时他给资金非常雄厚的洛克菲勒基金会写去一封信，希望获得该基金会的经费支持，用来研制一台 5 米口径的反射光学天文望远镜。

洛克菲勒基金会是美国大资本家洛克菲勒建立的，是美国资金最多、实力最强的基金会。海尔在信中强调：现在通过光谱仪，照相底片和光学天文望远镜的结合，天文学家可以了解恒星的许多特性。如果再有一台 5 米口径光学天文望远镜，就可以完全了解恒星温度、恒星质量以及它们的各种存在形式，从而进一步解决天体物理学科中的很多基本问题和疑惑。

洛克菲勒（1839—1937）出生于美国纽约州，父亲是行为放荡的假药贩子，家中日子很不安定。约翰 · 洛克菲勒是家中 6 个小孩中的第二个。他从小认真而且吝啬。16 岁时他已经在一家公司担任助理，买了个小本子详细地记下自己的每一笔收入和开支。18 岁时他开始做面粉、火腿和猪肉生意，几乎每次都能够盈利。后来他以 10%的利息从父亲处贷款 1000 美元，成立了克拉克 – 洛克菲勒公司。由于他继续贷款以扩大炼油业务使合伙人非常生气，公司不得已被拍卖。到 25 岁结婚时，他已经非常有钱，但是他的结婚戒指只花了 15 美元。26 岁时洛克菲勒以最高的标书获得了克利夫兰炼油厂，该厂每天可以提炼原油 500 桶。

1883 年，天然气管道已经到达匹兹堡，44 岁的洛克菲勒认为天然气是对石油生意的补充。3 年后标准石油公司创建了天然气托拉斯，而洛克菲勒是其中最大的股东。洛克菲勒行事非常谨慎，但是在石油投资上毫不迟疑。他几次在董事会上提出：“我用自己的钱进行这项投资，并且承担两年的风险。”他答应拿出 300 万美元——相当于 1996 年的 1 亿美元，“两年后如果成功了，公司可以把钱还给我；如果失败的话，由我来承担损失。” 1890 年，51 岁的他并吞了联合等四家石油公司，控制了宾夕法尼亚和西弗吉尼亚州 30 万英亩土地，成了该行业中的霸主。

洛克菲勒是美国整个历史上最富裕的一个人，很多文件说他是世界上除了君主以外最富有的一个人。他大量使用回扣、拉拢贿赂等手段，操纵石油运输和价格，并吞并击垮了所有的行业对手，实现了对美国石油工业的全面垄断，获得巨额财富。1905 年，在他 66 岁时，标准石油公司资产高达近 4 亿美元，到 1910 年他的个人资产达 10 亿美元。

与此同时，美国数十家石油公司纷纷破产，很多人家破人亡。这种形势下，美国舆论界和议会直接介入，通过了专门针对他的反垄断法案。1911 年美国政府将标准石油公司分解为 34 个小公司。标准石油公司的中国分公司就是美孚石油公司。这个公司在新中国成立前包揽了中国全部油料业务，仅仅在长江上的油轮就有 13 条。1913 年洛克菲勒的财产相当于 2007 年的 3360 亿美元，远远超过 2007 年比尔 · 盖兹的所有财产。同年洛克菲勒基金会正式成立。

标准石油公司资产中，洛克菲勒始终占有近四分之一。他的家族至今仍然是美国大通银行的股东，甚至联合国的所在地也曾经是洛克菲勒的私人财产。洛克菲勒基金会也因此成为美国最富有的基金会。

海尔将集资来源锁定在洛克菲勒基金会上是十分明智的做法。当时很少有其他资金来源可以满足 5 米光学天文望远镜对资金的需求。由于他的成绩、经历、地位、声望以及他的充分准备，1931 年洛克菲勒基金会同意为这台 5 米光学天文望远镜提供六百万美元的巨额资助，这时离洛克菲勒去世仅仅只有 6 年时间。1937 年老洛克菲勒去世，享年 98 岁，距离完成他少年时代所立下的赚 10 万美元钱和活到 100 岁的两个人生目标中的一个只有两年时间。他的财富对后代也有很大影响，他的孙子曾经担任美国的副总统。在洛克菲勒基金会资助的中国项目中，一个重要的项目就是北京协和医院。在他的一生中，总共捐助出五亿五千万美元。

有了足够的资金，海尔首先要解决的就是天文光学望远镜最关键的部件——反射镜面。因为已经有了 2.54 米利克光学望远镜的经验，5 米口径的光学望远镜更应该采用膨胀系数比普通玻璃低的镜面材料。那时除了硼玻璃以外，熔融石英材料也已经问世，它的膨胀系数比硼玻璃更小，仅仅是玻璃材料的百分之几。当时的通用电气公司已经制造了一些尺寸小、供实验室使用的熔融石英部件。

熔融石英是由非常纯净的二氧化硅或水晶的熔液经过快速冷却而形成的玻璃体。它的大批量制造的工艺是由一个叫海德的康宁公司工程师在 1934 年发明的。他使用高温火焰加热四氯化硅的液体，在水蒸气作用下产生化学反应，形成纯净的二氧化硅玻璃体（图 71）。

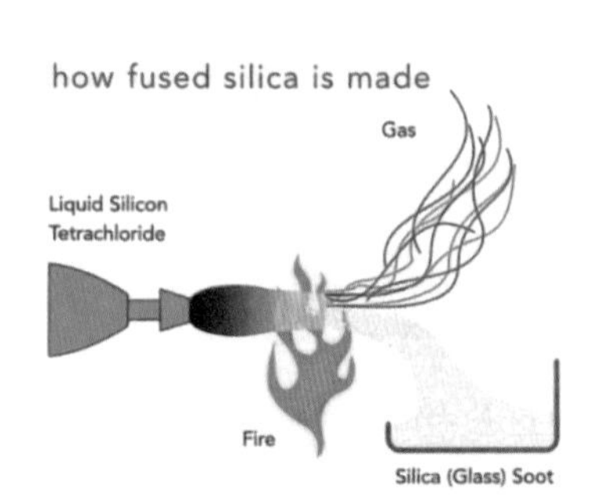

图 71 燃烧四氯化硅液体制造熔融石英的方法

当通用电气公司得知海尔已经有了试制 5 米光学天文望远镜的经费后，就表示愿意试验制造这种非常理想的镜面材料。但是熔融石英需要高达 2000 度以上的熔化温度，它熔化以后流动性非常差。对于 5 米直径，重量近 30 吨的镜面，要获得这样高的温度在当时几乎是不可能的。通用电气的难点实际上就是一个：当使用熔融石英形成一块块小的子镜坯以后，如何将这些子镜坯浇粘在一起。这时要特别注意控制各个子镜坯，在和子镜面垂直的方向上需要相互隔离，不能产生横向材料流动。这个技术困难当时无法解决，一直到 20 世纪 60 年代才有了破解的方法。熔融石英子镜坯的尺寸一般在 1 米以下。通用电气当年克服了很多困难，才获得了两块 1.52 米的小镜坯。为了通用电气的这个试验，海尔白白花费了 60 万美元的巨资，最后一无所获。

在没有任何前景的情况下，1932 年海尔重新转向康宁玻璃公司，决定使用派热克斯硼玻璃镜坯。当时的康宁公司正在为加拿大天文台制造直径 1.88 米的派热克斯硼玻璃的镜坯。这种玻璃虽然比不上熔融石英，但是比普通玻璃膨胀系数要小很多，很快 1.88 米派热克斯镜坯试制成功。

由于海尔需要的是一面直径 5 米的特大镜面，所以康宁公司第一步是试制一块 3 米镜坯。为了减轻镜面重量，减少在镜坯冷却时的应力，改善温度性能，他们在镜面背后预留了 36 个不通的减重孔。3 米镜坯试制成功后，就开始 5 米镜坯的真正浇铸。5 米镜面背后同样预留了 36 个不通的减重孔。在第一块 5 米镜坯浇铸过程中，一些减重孔填料位置产生了移动，一些填料被镶嵌到镜坯之中，所以镜面不能使用，这块巨大的 5 米试验镜坯一直保存在康宁公司玻璃博物馆内。

图 72　海尔望远镜的主镜镜坯

有了第一块 5 米镜坯的试验教训，康宁公司重新进行镜坯中不通孔填料的固定，他们采用耐高温的钢铁零件来固定这些填料。1934 年 12 月第二块 5 米硼玻璃镜坯开始浇铸，玻璃材料在熔炉中一直保持浇铸的温度长达整整 1 个月，后来又经过漫长的整整 10 个月的镜坯缓慢冷却过程，让玻璃镜坯体内的气泡缓慢地一个个溢出，以减少气孔的数目，这块镜坯获得了巨大成功（图 72）。

1936 年 3 月巨大的镜坯开始离开美国东部的康宁公司，通过火车艰难地从纽约州运到加利福尼亚州。在一些有桥洞的位置，镜坯的包装几乎已经要碰到桥洞的墙壁。从东海岸到西海岸，铁路运输花去了整整 16 天。这块镜坯总重 19 吨，经过加工磨去了 4.5 吨，镜面净重变成 14.5 吨。这面主镜中心孔尺寸是 1.01 米，和世界上最大的折射光学天文望远镜的物镜一样大。这块镜面的加工过程，包括由于第二次世界大战而损失的时间，整整花去了 11 年 6 个月。磨制抛光后的镜面于 1947 年 11 月运到帕洛玛天文台。

主镜镜面的支撑包括轴向支撑和径向支撑两部分：轴向支撑是 36 个深入到镜面背后孔洞内的杠杆平衡重系统。这种加力系统所施加的支撑力是望远镜高度角的

图 73　5 米望远镜的巨大的镜筒和马蹄

余弦函数，正好和镜面重量的轴向分量大小相同、方向相反。它的侧面支撑也是一组分布在镜面边缘类似的系统，补偿了镜面重量的径向分量。

5米光学天文望远镜采用的是传统的卡塞格林设计，主镜是抛物面，主焦比为3.3，所以镜筒很长。支撑镜筒的轭式支架更是巨大无比，望远镜转动部分的重量是 482 吨。由于重量很大，所以它的极轴采用了前后两组轴承。在前面是一个巨大的马蹄，在马蹄的下面是一种特殊的液压轴承。这种轴承采用利用高压油泵在轴承面上形成一层很薄的油垫来支撑极轴的所有重量的方法。液压轴承具有很大的支撑力，它的摩擦系数很小（图 73）。所以驱动电机也很小，它的赤经驱动电机是两个 3 马力的小电机，它的赤纬驱动电机使用了一个 1 马力的小电机，在跟踪时，它使用另一个小电机。

5 米望远镜的基墩高度 6.7 米。整个圆顶室转动部分高 41 米，直径 42 米，重量约有一千吨，非常高大。这个圆顶的尺寸正好和罗马万神庙的圆顶尺寸十分接近。在圆顶壳上，外层钢板和内层铝板相距有 1.5 米，之间是使用空气隔热的绝热层。海尔本人没有能最后看到 5 米光学天文望远镜的建成。他患有严重的失眠、头疼、忧郁以及精神上的幻觉。他死于 1938 年，享年 70 岁。他一生获得了国内国外的不下 20 多个重要奖励，但是唯一遗憾的是，尽管经过无数的公关活动，他最终也没有获得诺贝尔奖。

海尔死去十年以后，耗资 600 万美元的 5 米反射光学天文望远镜顺利建成。建成以后，于 1948 年 6 月被命名为海尔望远镜（图 74）。

这台 5 米光学天文望远镜是一个真正的庞然大物。它的镜面直径 5.1 米，镜面厚度在 50 厘米到 60 厘米之间，主镜焦比 3.3，卡塞格林焦比 16。它的圆顶直径为 42 米，几乎和现代 30 米光学望远镜的圆顶没有太大差别。5 米望远镜于 1949 年 1 月正式运行。

图 74　海尔 5 米光学天文望远镜

由于天文观测对光学天文望远镜有着极高的要求，天文光学望远镜制造出来以后从来都不是完美无缺的，海尔光学天文望远镜也是如此。它的厚重的主镜面是硼玻璃制造的，仍然有比较大的膨胀系数。每天晚上当望远镜一开始工作的时候，它的镜面表面形状需要相当长的时间才能稳定下来。后来在望远镜圆顶内不得不使用降温措施使镜面温度预先冷却到和晚上空气温度基本相同。

海尔望远镜的建成使天文学有了真正大科学学科的称号。同时它还在美国产生了一个工业上的副产品，即巨无霸的康宁玻璃公司。这个公司至今仍然是大口径望远镜镜面材料的少数供应商之一。

海尔光学望远镜建成十年以后的 1958 年，利用 5 米望远镜的一块 3 米实验镜面建成了 3 米尚恩光学天文望远镜。这台望远镜安放在利克天文台台址上。海尔光学望远镜的建成使美国在光学天文望远镜的领域远远地将所有国家抛在后面。

在折射光学望远镜上，尽管法国的 1.25 米巨型折射光学望远镜几乎就抢占了最大口径折射光学望远镜的桂冠。但是随着这台光学望远镜的拆除，美国的叶凯士 1.02 米折射光学天文望远镜便获得并保持着世界上口径最大的折射光学望远镜的称号。美国同时还保留有口径第二的 0.91 米利克折射光学望远镜。这时世界第三的是法国巴黎天文台 0.83 米双筒折射光学望远镜。口径第四的是德国波士坦天文台的 0.8 米双筒折射光学望远镜，第五的是法国尼斯天文台的 0.77 米光学折射望远镜。

在玻璃镜面反射光学望远镜方面，美国不仅拥有了口径最大的 5.08 米海尔光学望远镜，还拥有着口径第二的 3 米尚恩光学望远镜、口径第三的 2.54 米胡克光学望远镜和口径第四的 2.1 米麦克唐纳天文台望远镜，口径第五的是 1.88 米加拿大邓拉普反射光学望远镜，口径第六的 1.83 米加拿大多明罗反射光学望远镜。口径第七的又属于美国，是 1.54 米威尔逊天文台望远镜。口径第八的是英国卡门生产的 1.5 米光学望远镜，不过这时它已经成了美国哈佛学院天文台 1.5 米波尔登光学望远镜。另外在当时德国，法国和意大利也各拥有一台 1.22 米光学反射望远镜，并列排名在第九名。而英国的 1.8 米罗斯金属镜面反射望远镜则早已经停止使用，名噪一时的卢斯城堡几乎成为一片废墟。

光学天文望远镜是技术要求很高的精密光学仪器。它的巨大反射镜面在重力，温度和风载的作用下，必须始终保持一个理想抛物面的形状，反射面的误差不能超过光波波长的二十分之一。这个尺寸大小仅仅是一个原子直径的几十倍。天文望远镜的制造需要尺寸很大、膨胀系数很小的优质镜面材料，需要高精度的光学加工和检验测量技术，需要十分精密的传感器和触动器技术。天文望远镜的技术水平实际上代表了现代科学技术的最高水平。美国在光学天文望远镜上的垄断地位也预示着美国这个超级大国的兴起。并在以后很多年内美国将一直保持着天文光学望远镜的领导地位。

海尔光学天文望远镜是经典光学天文望远镜发展的一个顶峰，那么经典望远镜有哪些特点呢?

首先，经典光学天文望远镜均采用赤道式支撑系统。在这种结构中，望远镜对天体的跟踪可以简单地通过望远镜在一个转动轴上的匀速转动来实现。在这种光学望远镜中，小口径的光学望远镜常常采用不对称的结构形式，而大口径的则采用对称的结构形式。

第二,经典光学望远镜都采用了大的主焦比和长的镜筒,焦比值大概为3.3至5。焦比越小，主镜表面偏离球面的程度就越大，所以主镜的加工难度也越大。但是大焦比使镜筒长度和望远镜圆顶尺寸都变得很大。

第三，经典光学望远镜的镜面均采用了非常保守的直径厚度比，这个比值的数字是在 6 左右。厚重的镜面在没有使用计算机有限元进行精确计算的情况下，也可以很好地进行镜面支撑。不过厚重镜面使镜室笨重，影响镜筒重量，并进一步影响到整个望远镜的重量和成本。

第四，望远镜的镜面均采用了传统的支撑形式，即杠杆平衡重或者压缩气垫两种形式。有的镜面也采用水银袋浮动支撑的方法。

第五，望远镜镜筒采用海尔光学天文望远镜的等下沉桁架的结构设计，利用粗大的上桁架和细小的下桁架的等下沉量来获得望远镜镜筒光轴的自准直。

第六，在传动中常常使用精密的蜗轮蜗杆装置来保证望远镜的指向和跟踪的平稳性。蜗轮蜗杆能够实现很高的精度，但是它们有自锁和制动惯性力的问题，不适用于现代光学望远镜的线性控制系统。

第七，大口径经典望远镜在极轴上都采用液压轴承。这种轴承的支撑力大，摩擦力很小。

总的来说，经典光学天文望远镜是一种被动光学仪器，它的精度和性能是由零件本身及装配的精度所决定的。它本身对镜面形状和镜面准直没有调整和改进的能力。经典光学望远镜的这些特点一直影响着之后近 40 年过渡时期中一些较大口径光学望远镜的设计。

历史上天文学的任何重大突破均与光学天文望远镜的口径大小有着直接关系。伽利略的小望远镜揭开了太阳系的一些秘密，赫歇尔的大口径反射望远镜使人们发现了许多河外星系，威尔逊天文台 1.5 米光学望远镜的观测，表明了太阳是处在银河系的外围。而 2.5 米胡克望远镜和 5 米海尔望远镜的观测则确定了我们银河系仅仅是一个不断膨胀的巨大宇宙中的一个星系而已。不过如果较真一点，5 米海尔光学望远镜建成以后，它所获得的天文成果和突破确实不是很大。其中一个原因就是当时天才天文学家哈勃在这台望远镜落成以后不久，于 1953 年就去世了，哈勃享年 64 岁。而与此同时，刚刚发展起来的射电天文望远镜则不断地给天文界带来一个又一个的惊喜。这些事件包括脉冲星、类星体、宇宙微波背景辐射、引力波的证实和长基线干涉仪的高分辨率。这些具有极大冲击力的新发现掩盖了光学天文学在这个时期所取得的天文成果。从此以后天文上的重要发现就不再是仅仅局限于天文光学望远镜的突破了。有关这方面的详细内容将在其他分册中加以介绍。

海尔望远镜的建造使天文学有了大科学学科的称号。从此之后，凡是重要的天文望远镜工程均是耗资巨大的超级工程。如此一来天文望远镜的大小和质量情况也就成为一个国家经济、技术和实力发展的重要标志。18 世纪英国是一系列大口径反射光学望远镜的诞生国，这时英帝国正好处于工业革命的发展时期，大英帝国取得了日不落帝国的称号。19 世纪德国的折射光学望远镜的制造水平突飞猛进，出现了一系列质量精良的折射光学天文望远镜。20 世纪以后美国的经济和技术实力不断上升，它几乎垄断了那时以来所有的大口径折射和反射光学天文望远镜的成果，其他国家往往仅仅起着补充和配套的作用。

经典光学天文望远镜在海尔 5 米光学望远镜中达到了一个高高的顶峰。随后的光学望远镜的建设进入了一个相对平稳的后经典时期。在后经典时期的初期，出现了一大批中小口径的经典光学天文望远镜。从它们开始，天文望远镜主镜的镜面均采用了膨胀系数更小的新型镜面材料。

1957 年苏联第一颗人造卫星升上天空，为空间望远镜的发展提供了条件。1969 年苏联制造了口径最大的 6 米光学天文望远镜。6 米望远镜使用了一种全新的地平式支架代替了经典望远镜的赤道式支撑，使口径更大的望远镜建设成为可能。1979 年包括 6 个子镜筒的美国多镜面望远镜建成。这台望远镜以及后来发展的一系列新技术望远镜促进了经典望远镜向现代望远镜的真正转变。1989 年欧洲南方天文台 3.5 米新技术望远镜的建成使得望远镜真正从被动式仪器转化为主动式仪器。1992 年 10 米口径的凯克拼合镜面望远镜的诞生使望远镜的集光能力实现了很大的飞跃。之后又涌现出一批 8 至 10 米级的大口径望远镜。现在 22 米，30 米和 42 米口径的巨型光学望远镜已经开始起步，我们正在迎接光学望远镜发展的又一个新阶段。

身处 21 世纪，人类航天事业已经有了长足的发展，但是只有月亮是唯一一个人类已经到达过的天体。人类所制造的各种各样的航天器也仅仅造访过太阳系中为数不多的几个行星和小行星的表面。可以毫不夸张地说，人类对于我们身处的宇宙所拥有的全部认识几乎都是来源于天文望远镜的观测和分析。没有天文望远镜，就没有现代天文学。这也是天文学家不断地发展更大、更好和更灵敏的天文望远镜的原因吧。

后记
POSTSCRIPT

四十多年前，我和南仁东教授有幸成为改革开放后中国科学院第一批天文科学研究生。天文科学是大科学，当时的中国经济基础薄弱，天文科学不可能有大的投入，与美欧发达国家不在同一个量级。但我们都憋了一口气，希望通过我们的勤奋学习和努力奋斗，尽快缩小这一差距。其后的几十年间，我们时有交流，互相切磋，互相鼓励。他主持“中国天眼”，下定决心搞一个世界级大口径天文望远镜。我异常兴奋，尽我所能支持他的工作。他多次提及天文望远镜方面有太多的高技术问题，这些问题的解答一直分散在众多的期刊文献之中，鼓励我要为中国人争口气，写出天文望远镜的专门著作。

今天的中国，发生了沧海桑田的巨变。特别值得我高兴的是，南仁东教授作为“中国天眼”的主要发起者和奠基人，完成了“中国天眼”这一重大科技项目，使得中国在射电天文望远镜领域一下子进入了第一方阵。我也先后完成了：《天文望远镜原理和设计》，中国科学技术出版社， 2003；《高新技术中的磁学和磁应用》，中国科学技术出版社， 2006；The Principles of Astronomical

Telescope Design，Springer，2009;《天文望远镜原理和设计》，南京大学出版社， 2020。这几本书的出版除了南仁东教授等诸多专家和同仁的支持、帮助和鼓励外，我的博士生导师、皇家天文学家史密斯先生也多次教导我，只有写出一本望远镜的书才能真正掌握天文望远镜的理论和技术。

随着年龄的增长，我又了解到广大青少年朋友对天文和天文望远镜都有着浓厚的兴趣，但没有很好的渠道，于是我又开始了在我的“老本行”——天文望远镜方面进行科普创作，想让这些各种各样的望远镜被更多人知道、了解和熟悉。于是在中国天文学会的精心组织，以及南京大学出版社的帮助和鼓励下，这套天文望远镜史话丛书正在陆续问世，并有幸入选“南京创新型科普图书”和“江苏科普创作出版扶持计划”，这些项目的入选，也代表了丛书的创意和内容得到了有关单位的认可，在此表示感谢。

同时借此机会，我还要由衷地感谢帮助过我的南仁东教授和史密斯教授，以及其他中外专家和朋友，这些学者有：

南仁东、王绶琯、王礼恒、杨戟、艾国祥、常进、苏定强、胡宁生、王永、赵君亮、何香涛、朱永田、王延路、李国平、夏立新、娄铮、纪丽、梁明、左营喜、叶彬寻、李新南、朱庆生、杨德华、王均智、姚大志。

Dr. Robert Wilson（1978 年诺贝尔奖获得者），Francis Graham-Smith（皇家天文学家，格林威治天文台台长）， Malcolm Longair（爱丁堡天文台台长）， Richard Hills（卡文迪斯实验室天文学教授），Colin M Humphries（天文学教授），Bryne Coyler（英国卢瑟福实验室工程总监）， Aden B Meinel（美国喷气推进实验室杰出科学家），Jorge Sahada（射电天文学家，国际天文学会主席），Antony Stark（波士顿大学天文学家），John D Pope（格林威治天文台工程总监），R K Livesley（剑桥大学工程系教授）。

以上排名不分先后，限于篇幅，不能一一列举，再次衷心感谢各位朋友，没有他们的帮助就没有我的任何成就。

希望大家一直对天文感兴趣，并能喜欢天文望远镜，如果这套小书能对您产生一点点的帮助，将是我莫大的荣幸！

四十多年前，我和南仁东教授有幸成为改革开放后中国科学院第一批天文科学研究生。天文科学是大科学，当时的中国经济基础薄弱，天文科学不可能有大的投入，与美欧发达国家不在同一个量级。但我们都憋了一口气，希望通过我们的勤奋学习和努力奋斗，尽快缩小这一差距。其后的几十年间，我们时有交流，互相切磋，互相鼓励。他主持“中国天眼”，下定决心搞一个世界级大口径天文望远镜。我异常兴奋，尽我所能支持他的工作。他多次提及天文望远镜方面有太多的高技术问题，这些问题的解答一直分散在众多的期刊文献之中，鼓励我要为中国人争口气，写出天文望远镜的专门著作。

今天的中国，发生了沧海桑田的巨变。特别值得我高兴的是，南仁东教授作为“中国天眼”的主要发起者和奠基人，完成了“中国天眼”这一重大科技项目，使得中国在射电天文望远镜领域一下子进入了第一方阵。我也先后完成了：《天文望远镜原理和设计》，中国科学技术出版社，2003；《高新技术中的磁学和磁应用》，中国科学技术出版社，2006；The Principles of Astronomical Telescope Design，Springer，2009;《天文望远镜原理和设计》，南京大学出版社，2020。这几本书的出版除了南仁东教授等诸多专家和同仁的支持、帮助和鼓励外，我的博士生导师、皇家天文学家史密斯先生也多次教导我，只有写出一本望远镜的书才能真正掌握天文望远镜的理论和技术。

随着年龄的增长，我又了解到广大青少年朋友对天文和天文望远镜都有着浓厚的兴趣，但没有很好的渠道，于是我又开始了在我的“老本行”——天文望远镜方面进行科普创作，想让这些各种各样的望远镜被更多人知道、了解和熟悉。于是在中国天文学会的精心组织，以及南京大学出版社的帮助和鼓励下，这套天文望远镜史话丛书正在陆续问世，并有幸入选“南京创新型科普图书”和“江苏科普创作出版扶持计划”，这些项目的入选，也代表了丛书的创意和内容得到了有关单位的认可，在此表示感谢。

同时借此机会，我还要由衷地感谢帮助过我的南仁东教授和史密斯教授，以及其他中外专家和朋友，这些学者有：

南仁东、王绶琯、王礼恒、杨戟、艾国祥、常进、苏定强、胡宁生、王永、赵君亮、何香涛、朱永田、王延路、李国平、夏立新、娄铮、纪丽、梁明、左营喜、叶彬寻、李新南、朱庆生、杨德华、王均智、姚大志。

Dr. Robert Wilson（1978 年诺贝尔奖获得者），Francis Graham-Smith（皇家天文学家，格林威治天文台台长）， Malcolm Longair（爱丁堡天文台台长）， Richard Hills（卡文迪斯实验室天文学教授），Colin M Humphries（天文学教授），Bryne Coyler（英国卢瑟福实验室工程总监）， Aden B Meinel（美国喷气推进实验室杰出科学家），Jorge Sahada（射电天文学家，国际天文学会主席），Antony Stark（波士顿大学天文学家），John D Pope（格林威治天文台工程总监），R K Livesley（剑桥大学工程系教授）。

以上排名不分先后，限于篇幅，不能一一列举，再次衷心感谢各位朋友，没有他们的帮助就没有我的任何成就。

希望大家一直对天文感兴趣，并能喜欢天文望远镜，如果这套小书能对您产生一点点的帮助，将是我莫大的荣幸！